스웨덴 요크모크 겨울시장
독일 크리스마스 시장
프랑스 파리 생투앵 벼룩시장
캐나다 몬트리올 장-딸롱 시장
스페인
바르셀로나
보케리아 시
미국 로스앤젤레스 농민시장
모로코 페스 가죽시장
브라질 리우데자네이루
상끄리스또바웅 시장
아르헨티나 부에노스아이레스
산텔모 시장

유라시아 초원 시장
중국 베이징 리우리창 시장
터키 이스탄불 그랜드 바자르
일본 오사카 쓰루하시 시장
인도 뉴델리 카리 바올리 시장
불가리아 소피아 이콘화시장
일본 도쿄 쓰키지 시장
이집트 카이로
카릴리 시장
아랍에미리트 두바이 금시장
중국 광저우 상샤주루
에티오피아 아디스 마르카토 커피시장
베트남 껀터 까이랑 수상시장
남아공 케이프타운 그린마켓과
워터프런트 쇼핑센터
호주 캔버라 올드버스데포 시장

세계의 시장을 가다

부산대학교 한국민족문화연구소 로컬리티 교양총서 5

세계의 시장을 가다

2017년 6월 10일 초판 인쇄
2017년 6월 15일 초판 발행

엮은이 | 부산대학교 한국민족문화연구소
펴낸이 | 이찬규
펴낸곳 | 북코리아
등록번호 | 제03-01240호
주소 | 13209 경기도 성남시 중원구 사기막골로 45번길 14
우림2차 A동 1007호
전화 | 02-704-7840
팩스 | 02-704-7848
이메일 | sunhaksa@korea.com
홈페이지 | www.북코리아.kr

ISBN | 978-89-6324-550-8(03980)
값 18,000원

* 이 원고는 HK(인문한국)지원사업의 연구성과를 토대로, 인문한국연구소협의회와 네이버가 공동기획했습니다.
* 이 저서는 2007년 정부(교육과학기술부)의 재원으로 한국연구재단의 지원을 받아 연구되었음(NRF-2007-361-AL0001)

부산대학교 한국민족문화연구소
로컬리티 교양총서 5

세계의 시장을 가다

부산대학교
한국민족문화연구소 엮음

북코리아

책 머리에

시장은 우리의 일상과 생활의 중심에 있다. 온갖 상품들이 지천에 널려 있는 시장에는 손님의 발목을 잡기 위한 장사꾼의 외침과 물건을 사고파는 사람 사이의 팽팽한 입씨름, 군침 돌게 만드는 간식거리의 냄새가 요동을 친다. 시장은 단순히 상품의 교환만 이루어지는 곳이 아니다. 그곳은 단골손님을 살갑게 맞이하고 식구들의 안부를 묻기도 하는 교류의 장이자 정보 공유의 장이며, 좁은 골목에 자리 잡은 좌판마저도 지역 경제 순환에 조력하는 경제 활동의 핵심이다.

각 지역의 시장은 그 자체만으로도 지역의 오래된 역사이자 문화이며, 지역 사람들의 생활을 지탱해 온 삶의 터전이지만, 생활 양식이 표준화됨에 따라 그 고유성과 변별성이 점차 상실되어 가고 있다. 물론 경우에 따라서는 문화적 세계화에 대항하기 위해 시장을 지역 정체성의 전시장이자 테마 관광지로 내세우는 일도 있다. 말하자면 지역의 고유성과 희소성을 내장한 시장을 주요 관광자원으로 삼는 것이다. 이 과정에서 시장은 공간 전체가 관광, 혹은 거래의 '상품'이 되기도 했다.

통신 매체와 대중 매체의 다양화, 그리고 전지구화로 인해 사람들의 소비 성향과 경향은 많은 변화를 보이고 있지만, 그럼에도 불구하고 시장은 여전히 지역 고유의 의미를 생산해 왔고 새로운 지역적 의미를 구성하고 발신하고 있다. 사람들이 관광 명소나 유적지 대신 현지 시장을 둘러보는 것도 끊임없이 재구성되고 있는 시장의 움직임이 해당 지역의 '지금 여기'라는 현재성을 가장 명확하게 대변하기 때문일 것이다.

시장이 가지는 이러한 면면을 염두에 두고 부산대학교 한국민족문화연구소 HK로컬리티의인문학연구단과 (주)네이버는 공동으로 〈세계의 시장을 가다〉 연재를 기획하였다. 오래전부터 인간은 교환 행위를 통해 삶을 영위해 왔듯이 인간의 역사만큼이나 시장의 역사도 오래되었다. 그 오래된 시장의 시간과 공간 속에는 먹고사는 문제는 물론이고 문화와 예술의 장도 펼쳐지고 있었다. 무엇보다 시장은 만남을 전제로 이루어지는 교섭의 장이니만큼, 상호 교류와 소통이란 말은 시장의 중요 키워드이기도 했다. 각국의 시장들이 거듭해 온 다양한 시도와 변모를 읽어 보고 시장을 매개로 하는 사람들의 삶을 추체험하면서, 해당 지역이 당면한 문제들을 독자들과 함께 고민하고 성찰해 보고자 이 책을 마련하였다. 대부분의 글은 이미 네이버캐스트 〈세계의 시장을 가다〉에 소개되어 큰 관심과 주목을 받았다.

〈세계의 시장을 가다〉 기획물을 연재하면서 시장은 정적인 존재가 아니라 동적인 존재라는 것을 새삼 느끼게 되었다. 이 기획은 2014년 겨울에 독일의 크리스마스 시장을 처음으로 연재가 시작되었는데, 연재물을 정리할 즈음인 2016년 겨울 독일 베를린 크리스마스 시장에서 테러가 발생했다는 소식을 접하게 되었다. 크리스마스를 앞둔 당시, 가족과 지인들의 선물을 구입하고 음식을 마련하기 위해 많은 지역 주민들은 이 시장을 찾았고, 상인들이 손수 만든 아기자기한 수공예품을 구경하기 위해 관광객들의 발길도 부쩍 증가한 상황이었다. 기쁜 성탄을 맞이하기 위해 들떠 있던 주민들과 성탄 대목을 기대했던 상인들은 모두 테러의 타깃이 되고 말았고, 그해 독일을 비롯한 인근 유럽 국가는 가장 긴장된 성탄을 보내야 했다. 반짝반짝하고 아기자기한 수공예품을 구경하고 크리스마스 분위기에 흠씬 취하고 싶었던 관광객들에게도 그곳은 말 그대로 아수라장에 다름 아니었다.

시장의 사정이 급변하는 것은 일본 도쿄에 위치한 쓰키지(築地) 시장도 마찬가지다. 도쿄 도(東京都) 내의 11개 중앙 도매시장 가운데 가장 역사가 오래된 이곳은 수산물의 하루 거래 금액이 세계 1위에 기록될 정도로 압도적인 규모를 가지고 있지만 워낙 시장이 오래되어 시설의 노후화가 큰 문제가 되고 있다. 도쿄 도는 2016년 11월에 이 시장을 도요스(豊洲)로 이전할 예정이었지만 그해 여름에 취임한 고이케 유리코(小池百合子) 지사는 안전성을 좀 더 검토하겠다며 이전을 연기했고, 실제로 이전 예정지의 안정성을 검증한 결과 조사 지점 72곳 중 35곳에서 벤젠이 기준치보다 최대 79배 초과 검출되었다. 때문에 쓰키지 시장의 이전은 조금 더 두고 보아야 될 것 같다.

이처럼 시장은 역사적인 순간에도 우리와 함께하며 희로애락의 인간사도 같이 나누는 살아 있는 공간이다. 때로는 예기치 못한 사건 사고를 겪기도 하고 때로는 생각지도 못한 선물과 같은 기쁨을 나누며 서로의 삶을 지탱하는 든든한 동반자인 것이다. 아직 테러의 비극과 상처는 아물지 않았지만 올해도 어김없이 크리스마스 시장은 그곳에서 다시 주민들과 만날 것이며, 미래를 점칠 수 없는 불투명함 속에서도 쓰키지 시장은 오늘도 가장 먼저 새벽을 깨운다. 어떠한 조건과 변화 속에서도 다시 그리고 끊임없이 이어지는 시장은 우리의 삶과도 무척 닮아 있다. 이 책이 소개하는 각 시장들의 다양한 면면들이 독자들의 삶과 철학에 조금이라도 환기하는 부분이 있기를 진심으로 기대한다.

이번 기획물을 연재하고 책으로 묶으면서 많은 분들의 도움을 받았다. 연구단 내의 손은하, 이명수, 이유혁, 조관연 선생님은 거듭된 기획 회의와 원고 검토 회의에서 적극적으로 의견을 개진해 주셨고 전문가 필자의 섭외에도 수고를 아끼지 않으셨다. 덕분에 세계 각 지역에 정통한 전문가와 함께 이 기획을 꾸릴 수 있었다. 전문적이고 난해한 해외 사정을 보다 쉽고 재미있게 전달하기 위해 애써 주신 모든 필자들께 지면을 빌려 감사의 인사를 드리며, 네이버캐스트에 연재할 당시 원고를 세심하게 검토해 주신 이은경 수석께도 감사의 인사를 전한다.

부산대학교 한국민족문화연구소
HK로컬리티의인문학연구단
필자를 대표하여 조정민

목차

책 머리에 5

시장은 역사다

캐나다 몬트리올 장-딸롱 시장 이유혁 13
중국 베이징 리우리창 시장 이명수 22
독일 크리스마스 시장 조관연 33
중국 광저우 상샤주루 이은상 47
스웨덴 요크모크 겨울시장 이유진 56

시장, 규모로 말한다

일본 도쿄 쓰키지 시장 조정민 69
인도 뉴델리 카리 바올리 시장 신민하 77
에티오피아 아디스 마르카토 커피시장 윤오순 86
터키 이스탄불 그랜드 바자르 손은하 97
아랍에미리트 두바이 금시장 조정민 106

시장은 예술이자 문화다

불가리아 소피아 이콘화시장 채유정 119

아르헨티나 부에노스아이레스 산텔모 시장 서성철 128
모로코 페스 가죽시장 공윤경 142
브라질 리우데자네이루 상끄리스또바웅 시장 김영철 153
프랑스 파리 생투앵 벼룩시장 신지은 161

시장은 만남이다

이집트 카이로 카릴리 시장 조관연 171
유라시아 초원 시장 강인욱 186
일본 오사카 쓰루하시 시장 이상봉 196
남아공 케이프타운 그린마켓과 워터프런트 쇼핑센터 서상현 207

시장은 곧 삶이다

미국 로스앤젤레스 농민시장 박규택 223
베트남 껀터 까이랑 수상시장 엄은희 232
스페인 바르셀로나 보케리아 시장 장세룡 242
호주 캔버라 올드버스데포 시장 데이비드 윌리엄 김 253

시장은
역사다

다문화의 역사를 간직한 캐나다 몬트리올 장-딸롱 시장

이유혁

형형색색의 농산물과 다양한 음식들: 장-딸롱 시장, 다양한 문화와 사람들이 어우러진 공간

위치	캐나다 퀘벡지방 몬트리올
형성 시기	1933년에 '샬레(Chalet)'라고 불리는 하나의 빌딩을 중심으로 시작되어 최근까지 지속적인 성장과 확장이 진행되고 있다.
상품 종류	농·축·수산물을 포함하여 생활에 밀접히 관련된 다양한 물품들, '리틀 이태리'의 유럽풍의 식당가를 비롯한 다양한 먹을거리
개설 주기	상시

상설시장인 장-딸롱 시장은 추위가 혹독한 겨울 동안에는 시장의 중앙 지역에 벽이 설치되며, 바깥 공간은 빈 공간으로 놔둔다. 날씨가 풀리는 5월부터 10월에 이르는 기간에는 300여 개의 노점상들이 열린 아케이드 공간을 차지하며, 이들은 대부분 몬트리올 시 주변 시골의 농부들이다. 이곳 야외시장에는 고기, 생선, 치즈 가게들, 대량 음식 체인점, 향신료와 수입품 거래상들, 빵집들, 식당들과 퀘벡 지방의 주류 판매점(SAQ) 등이 들어선다. 또한 야외시장 주변으로는 정육점, 주방기구 판매점 등이 들어선다.

장-딸롱 시장이 위치하고 있는 캐나다 퀘벡 지방의 몬트리올은 아주 흥미로운 곳이다. 영어가 압도적인 북미 지역에서, 퀘벡은 불어권 문화가 여전히 주도적인 역할을 하는 곳으로 남아 있다. 특히 몬트리올은 20세기 중반 이후 현재에 이르기까지 세계 각지로부터 이민자들

시장 입구 안쪽의 광장에서 쇼핑을 하거나 여유롭게 앉아서 잠시 휴식을 취하는 사람들
ⓒ http://www.montrealites.ca

의 유입으로 인해 불어와 영어권 문화를 중심으로 하여 유럽의 다른 언어·문화들과 함께 다양한 소수문화가 함께 어우러져 있는 곳이다. 이러한 몬트리올의 중심 지역에 위치한 장-딸롱 시장의 성장과 확장 과정은 다문화적인 캐나다 문화의 성장 과정과 함께하며 이러한 특징을 보여 준다.

장-딸롱 시장의 두드러진 특징 중의 하나는 이곳이 다문화의 공간일 뿐만 아니라 역사와 음식이 어우러진 공간이라는 것이다. 이 시장은 몬트리올의 리틀 이태리의 한복판에 위치하고 있다. 리틀 이태리는 원래 시장과 정원 등을 위한 공간이 필요한 이태리계 이민자들이 정착한 지역이다. 비록 1980년에 이르러 대부분의 이태리계 이민자 가족들이 교외 거주 지역으로 이동함으로써 현재의 리틀 이태리의 모습은 원래의 것의 그림자에 불과하다고 말하지만, 여전히 일부 이태리 이민자들은 남아 있어 예전의 명맥을 유지하고자 한다. 빠끄 단테(Parc

Dante)[1] 에서 이따금씩 봇체(bocce)[2] 경기를 하거나 깽까이리 단테(Quincaillerie Dante)[3] 에서 주방용품을 사거나 까페 엔터나쇼날(Café International) 에서 카푸치노를 즐기면서, 이들은 리틀 이태리에 활력을 불어넣는다.

장-딸롱 시장을 방문한 이들의 눈길을 끄는 것은 바로 그곳의 다양한 색깔들과 다양한 사람들이다. 항상 북적대고 항상 열려 있는 이곳은 다문화적인 도시의 다문화적인 특징을 보여 준다. 이태리계를 중심으로 한 다양한 언어와 문화의 유럽 이민자들, 아프리카와 라틴아메리카의 이민자들, 그리고 최근에 증가하고 있는 아시아 이민자들과 함께, 여름철에는 전 세계에서 몰려든 수많은 관광객들로 북적댄다. 다양한 피부 색깔, 다양한 문화, 다양한 사람들이 모여 흥미로운 조화를 이루며, 또한 그들이 사용하는 다양한 언어가 생산적인 불협화음을 만들어 낸다. 이것이 우리의 이목을 집중시키는 장-딸롱 시장 공간의 특징이다.

그러면 이제 장-딸롱 시장을 조금 둘러보기로 하자. 수북이 쌓인 형형색색의 야채와 과일들이 여기저기에 널려 있어 우리들의 눈길을 끈다.

관광을 위해서이든 그 지역의 사람들이 식재료를 사기 위해서이든, 시장에 들르면 빠질 수 없는 것이 그곳의 음식을 맛보는 것이다. 이태리 음식을 중심으로 한 유럽풍의 음식과 함께 이곳에서 눈에 띄는 것은 다른 민족들의 다양한 음식문화이다. 몇 가지 이곳의 특징을 나타내 주는 음식들을 간단히 살펴보자.

까페 엔터나쇼날에서는 이태리 전통 음식인 브루스케타(bruschetta)를 홈메이드 방식으로 즐길 수 있다.

1 몬트리올의 리틀 이태리에 위치한 공원이다.
2 론볼링과 유사한 스포츠 경기이다. 그 기원은 로마 제국에까지 거슬러 올라가며 이태리뿐만 아니라 유럽 전역에서 유행하고 있으며, 세계 각지의 이태리계 이민자들이 즐겨 하는 스포츠 경기이다.
3 몬트리올 리틀 이태리에 위치한 주방용품 가게이다.

'프레미에르 무아쏭(Première Moisson)'이라는 빵집은 캐나다 퀘벡 지역의 유명한 체인점으로, 항상 지역 사람들과 관광객들로 붐비는 곳이다. 여기에서는 프랑스식의 다양한 빵과 페이스트리 등을 즐길 수 있다. 집에서 구워 먹을 수 있도록 냉동된 초콜릿 크루아상도 판매한다.

'프레미에르 무아쏭'의 간판과 판매 중인 빵들
ⓒ http://www.seriouseats.com

시장의 한 음식점에서는, 구운 야채와 시금치를 곁들인 파스타를 맛볼 수도 있다. 바콘치니 치즈와 종려나무 줄기를 곁들인 토마토 샐러드를 섞어서 만든 것으로, 튀긴 해산물과 잘 어울리는 음식이다.

장-딸롱 시장에서는 멕시코 음식도 찾아 볼 수 있다. 멕시코 식당 '엘 레이 델 타꼬(El Rey Del Taco)'에서는 아주 먹음직스러운 타꼬를 즐길 수 있다. 다양한 종류의 타꼬가 대부분 즉석에서 만들어진다.

장-딸롱 시장의 다문화적인 특징을 보여 주는 또 다른 가게는 '라 데팡스(La Dépense)'이다. 이곳에서는 아시아, 중동, 카리브 해, 라틴 아메리카 지역의 음식 재료들과 다양한 음식 관련 물건들을 전시·판매하고 있다.

장-딸롱 시장의 또 한 가지 특징은, 방문객들의 보행을 통한 쇼핑에 대한 세심한 배려이다. 2006년 7월 15일 이후부터 여름 동안 토요일과 일요일에는 시장으로 통하는 북쪽과 남쪽의 거리를 통한 차량 운행을 금지한 것이다. 이를 통해 보행객들과 방문객들이 시장 주변에서 안전하게 마음껏 즐길 수 있는 축제의 장을 만든 것이다.

또한 사람들이 북적거리는 시장 이곳저곳을 개를 데리고 다니기란 여간 쉽지 않고, 어떤 가게들은 개들의 출입을 아예 허락하지도 않는다. 그래서 장-딸롱 시장의 입구에는 개들이 잠시 머물 수 있는 공간을 마련해 두고 있다. 개들만 놔두면 그들을 훔쳐 가는 일이 발생할 수 있기 때문에 이를 방지하기 위해 '주견' 공간 ('Dog Parking' Stations)을 지키는 감시인까지 두고 있다.

거리의 연주자들 ⓒ http://www.travelettes.net

마지막으로 볼 수 있는 장-딸롱 시장의 풍경으로는, 거리에서 아마추어 음악가들이 공연하는 모습이다. 사실 거리의 연주자들은, 외국을 방문하면 종종 보게 된다. 그런데 장-딸롱 시장의 공연 풍경이 특이한 점은, 2014년 5월 21일부터 연주자들의 공연 장소와 시간이 정해져있다는 점이다. 시장 주변의 정해진 네 지점에서, 수요일~일요일의 일정한 시간에(월, 화요일 제외) 공식적으로 허용되었다. 연주자들은 거리의 연주자 조합(Le Regroupement des Musicians du Metro de Montreal)에 가입하여, 연주를 원하는 날짜와 장소를 신청하여 허락을 받는다.

이러한 시스템은 시장의 입장에서 보면, 거리의 연주자들의 무분별한 난립과 시장의 고객들에게 불쾌감을 일으킬 수 있는 행위들을 막을 수 있는 효과가 있다. 하지만, 연주자들의 입장에서 보면 그들의 연주 행위와 관련된 일체의 활동이 상당히 제약을 받을 수도 있다. 예를 들면, 그들이 준수해야 할 규칙 중에는 45분 내에 동일한 노래나 음악을 반복해서는 안 된다는 것이 있다.

장-딸롱 시장의 역사: 80년간의 지속적 성장과 확장

앞서 언급했듯이, 장-딸롱 시장의 역사는 이태리계 이민자들의 정착과 성장의 역사와 분리해서 생각할 수 없다. 리틀 이태리의 중심에 위치하고 있었기에, 여러 측면에서 상호 간에 영향을 미쳤음을 쉽게 짐작할 수 있다. 장-딸롱이라는 이름은 누벨-프랑스[4]의 유명한 감독관이었던 장-딸롱의 이름에서 따온 것이다. 19세기에 이곳은 아이리시 섐록 라크로스 클럽(the Irish Shamrock Lacrosse Grounds club)을 위한 라크로스(lacrosse) 경기장이었고, 나중에는 하키 경기장으로도 사용되었다.

1931년에 몬트리올 시는 이 부지를 매입한 뒤 빌딩을 지었고, 이 빌딩에서 시민들을 위한 여러 가지 서비스를 제공하였다. 일반적으로 '샬레(Chalet)' 라고 알려진 이 빌딩 주변에서 야채들과 소고기와 닭고기 등이 팔리기 시작하였다. 이는 비공식적인 시장의 시작이라고 할 수 있다. 1933년에 당시의 시장(mayor)이었던 까밀리엔 후드(Ca-

4 캐나다의 초기 식민/이주자들은 주로 프랑스에서 온 사람들이었다. 그래서 이곳은 누벨-프랑스 또는 뉴프랑스라고 불리었다.

millien Houde)가 공식적으로 이곳을 시장으로 지정하고 일반 시민들에게 개방함으로써 장-딸롱 시장의 공식적인 역사가 시작되었다. 이는 시장이라는 공간의 형성이 사람들이 많이 모이는 곳에서 자연스럽게 시작하여, 차차 시간이 지남에 따라 공공의 공간으로서 인정되고 발전해 나가는 것을 보여 준다.

시장이 형성되던 초기, 천막과 차양으로 씌워진 열린 시장의 가게들은 고객들에게 지역 농산물들을 공급하는 허브 역할을 하였다. 그 당시 시장은 '샬레' 라고 불리는 빌딩이 유일한 건물이었고 이 공간을 중심으로 점점 성장해 나갔다. 1961년까지 시장과 함께 라발(Laval) 버스 정류장과 식당이 이 샬레 공간을 함께 차지하고 있었다. 1961년부터 1970년까지 버스 정류장 대신에 시립도서관과 사회복지 센터가 그 자리에 들어섰다. 그 이후에 이 공간은 행정사무실들로 사용되었다.

시장 공간의 형태적인 변화와 관련하여 1941년에 오늘날과 같은 6개의 출입구가 만들어졌다. 1983년에 이르러 난방유지 덮개가 겨울에 설치되었으며 2004년에는 대규모의 수리가 이루어졌다. 이를 통해 여름철 동안 시장을 가득 메운 사람들을 더욱 잘 수용할 수 있게 되었고, 지하주차장이 만들어졌고, 주차장 위에는 20개의 특별 부티크들이 들어서게 되었다. 2006년까지 차량이 시장 안쪽의 거리들을 통해 지나다닐 수 있었으나, 새로운 정책이 실시됨에 따라 차량들은 오직 금요일부터 일요일까지만 지나다니도록 허락되었다. 이는 많은 시장 고객들로부터 널리 인정받는 정책이 되었다.

최근 또 한 번의 대규모 수리와 확장이 진행되고 있다. 2014년 8월까지 장-딸롱 시장 재생 프로젝트는 50퍼센트 정도 그 공정이 진행되었다. 그런데 그 비용이 처음 예상한 2.3백만 달러보다 훨씬 많은 3.5백만 달러에 이를 것이라는 예상으로 인해 상당한 논란을 일으키기도 했다.

20세기 초에 주변부의 저개발 지역에서 고작 건물 하나에서 시작한 이 소박한 시장이, 현재는 크고 작은 다양한 건물을 포함하여 도시의 거대한 블록을 차지하는 전통과 현대가 함께 어울리는 시장으로 확장되어 왔다. 이곳은 북미에서 가장 큰 전통시장으로 알려져 있으며, 미국 워싱턴 주 시애틀 시에 위치한 유명한 파이크 플레이스 시장(Pike Place Market)보다 두 배나 더 크다고 한다.[5] 이러한 장-딸롱 시장의 발전적 변화는 20세기와 21세기에 걸친 몬트리올 도시 공간의 변화 양상의 한 단면을 드러내 준다. 또한 이것은 도시의 성장과 확장 과정에서 시장이라는 공간의 역할과 가치—예를 들면, 시장과 그 시장을 둘러싼 주변 지역민들과 유기적인 공동체의 형성—에 대해 다시 한번 생각해 보도록 해 준다.

장-딸롱 시장의 현재와 미래: 지역 농산물 소비를 통한 유기적인 공동체 형성

장-딸롱 시장이 직면한 여러 가지 문제들은 주로 시장 자체보다는 시장이 구현하는 역할과 가치의 문제와 직접적인 관련이 있다. 특히 지역 농산물의 소비가 경제적인 측면, 환경적인 측면, 건강과 관련하여 수입 농산물을 소비하는 것보다 더 우위에 있다는 것을 어떻게 입증해야 하는가 하는 어려운 도전에 직면하였다. 장-딸롱 시장은 시장 주변의 지역 구성원들과 긴밀한 협력을 통해 나름대로 이에 대한 해법을 모색하였고 상당한 성과를 거두고 있다. 구체적으로 장-딸롱 시장은 지역 구성원들로 하여금 지역 농산물을 소비하도록 권장하고 또한 계절에 맞는 소비를 하도록 이끎으로써 지역 생산물들의 공급량을 일정하게 유지하도록 이끌고 있다. 이러한 장-딸롱 시장의 노력은 몬트리올 시 전체에 상당한 파급 효과를 가져다주었다. 그리하여 지역 시장에서 지역 농산물을 소비하는 것의 가치를 새롭게 인식하도록 해 주었다. 무엇보다 이는 단순히 지역 농산물 소비와 환경보호의 차원을

5 이에 대한 반론도 적지 않으며, 시장의 크기는 항상 논쟁거리가 되기 쉽다. 시장의 경계가 종종 유동적이기 때문이다.

넘어서 도시 내부의 지역 공동체 재생과 밀접하게 연결되어 있음을 발견하게 해 주었다.

좀 더 구체적으로 예를 들자면, 장-딸롱 시장은 지역의 셰프들을 고무하여 지역에서 재배한 농산물을 전시하도록 하는 데에도 중요한 역할을 한다. 몬트리올 식당 '소피텔'의 셰프인 올리비에르 페레트는 매주 목요일마다 장-딸롱 시장을 방문하여 일주일 메뉴를 만들어 낸다. 그의 메뉴판은 시장에서 구입된 지역 농산물로 만들어진 음식들로 구성되어 있다. 이는 작지만 몬트리올에 대한 장-딸롱 시장의 영향력을 보여 주는 또 하나의 방식이다.

노점 상인들이 셰프들과 같은 고객들에게 농산물을 공급하도록 교육을 하며, 셰프들은 고객들에게 계절에 맞는 메뉴를 준비하도록 하는 것에 관한 교육을 한다. 이러한 지역 음식교육의 순환 방식은 몬트리올 시민들과 관광객들에게 시장의 가치를 환기하는 역할을 한다. 장-딸롱 시장의 미래는 시장에 전시되어 있는 지역에서 재배한 퀘벡 농산물의 풍성함을 통해 일깨워지는 시장의 역할과 가치들에 의해서 더욱 공고하게 지탱될 것이다. 이를 통해 80년간 지속된 성장과 확장 후에도 장-딸롱 시장은 여전히 몬트리올 지역 사회에 전통과 이용가능성이 함께 유지된 공간으로 존재하고 있는 것이다.

유리기와 굽던 공장이 문화거리로

중국 베이징 리우리창 시장

이명수

위치	중국 베이징
형성 시기	7, 8백여 년 전
상품 종류	책, 문방사우, 예술 작품, 골동품, 다기(茶器), 차 등
거래 단계	도·소매
개설 주기	상시

톈안먼 광장 서남쪽 고서적 및 골동품 상가 리우리창(琉璃廠). 이 리우리창 거리에는 베이징 지하철 허핑먼(和平門) 역에서 남쪽으로 200m쯤 떨어진 곳에 동가와 서가가 두 갈래로 뻗어 있다.

리우리창은 문자의 뜻 그대로 유리기와를 굽던 공장이었다(琉=유리 유, 璃=유리 리, 廠= 공장 창). 여기서 구워진 기와들은 주로 황궁 건설에, 채색 기와들은 궁궐 장식에 주로 사용되었는데, 이 같은 장소의 역사는 7, 8백 년을 넘는다. 이런 최초의 공장 자리가 오늘날의 '문화거리'가 되어 베이징의 특별한 문화 기질을 간직하고 있다.

이곳은 역사상 멀리 요대(遼代)에는 성안이 아니라 교구(郊區)의 해왕촌(海王村)이라 부르던 곳이었다. 나중에 궁요(宮窯, 궁중의 도자기 굽는 가마)를 설치하여 유리기와를 구웠다. 이때가 13세기 원나라 때였다. 나중에 명나라 때에 내성(內城), 즉 이중으로 쌓은 성 가운데 안에 있는 성을 건설할 때 궁전을 고쳐 지었는데, 채색 유리기와를 굽던 리우리창의 규모는 과대하였다. 명나라 영락제는 베이징으로 천도

하기 전 궁전(宮殿, 지금의 고궁)을 대대적으로 보수(補修)하였다. 10여 년 후 그러한 작업이 끝나자 이곳에 가마가 있기에는 부적합하여 교외로 자리를 옮긴다.

이런 까닭에 리우리창은 이름만 명맥을 유지하게 되지만, 채색기와로 고궁을 수리하고 거기서 나온 값나가는 물품 탓으로 청나라 초기에는 골동품상들이 드나들었다. 건륭제 때에 이르면 골동품뿐만 아니라 서예, 서화, 문방사보(文房四寶) 또는 문방사우(文房四友)라 불리는 종이, 붓, 벼루, 먹의 집산지를 이루게 되었다. 17세기에 이르러 리우리창은 점차 쇠락하게 되었다. 그러자 당시 청나라 정부는 민간의 연등회를 이곳에 옮긴다. 그리하여 이곳은 다시 흥성하여 명절이면 인파들이 몰려들어 발 디딜 틈조차 없게 된다.

동가와 서가에서 취향 따라 물건 사기

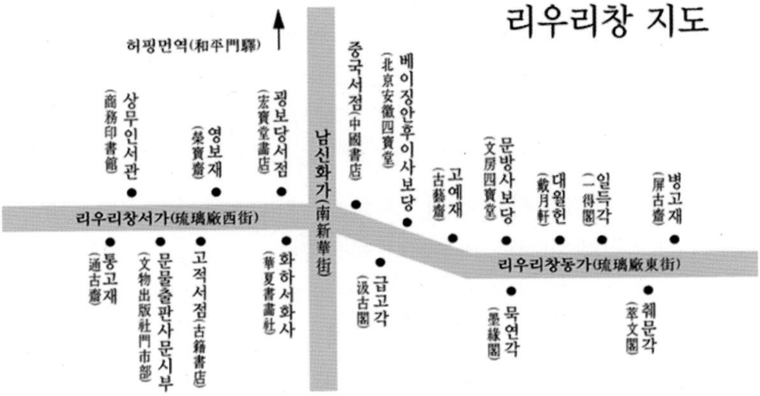

리우리창 지도. 난신화지에(南新华街)가 남북을 가로지르고, 그 양옆으로 동가와 서가가 펼쳐져 있다. ⓒ 이명수

리우리창의 오늘날 모습은 1980년대 초 보수를 거친다. 이를 문화 거리라 부르기도 한다. 중국 문화에 관한 서적, 예술적 풍취, 기타 사람

의 흔적으로 가득하다. 이 거리는 동가와 서가 두 부분으로 나뉘는데 그 길이는 750미터이다. 양 켠에 구식 벽돌로 지은 1층 또는 2층짜리 가옥 형태의 건물은 돌에 정교하게 새긴 조각이나 목조 조각에 붉은 색의 바탕을 하고 있다.

리우리창 동가, 곧 동쪽 상가에서는 주로 옥돌, 도자기, 보석, 목기를 판다. 서가, 곧 서쪽 상가에서는 주로 서예, 서화 작품을 파는데, 차를 구입하거나 아담한 찻잔이나 잡다한 골동품을 사면서 베이징 여행의 '인증샷'을 즐기기에 안성맞춤이다. 이곳 1,000여 개의 가게는 대부분 오후 6, 7시쯤 문을 닫는다. 여기서 우리는 전통 인력거 체험도 하면서 고서적, 골동품, 서화, 문방사우, 민간 공예품 등을 쉽게 구입할 수 있다. 골동품은 비교적 비싼 편이지만, 안목에 따라 싸고 좋은 물건을 고를 수도 있다.

자료가 없어 애먹던 연구자와 수험생의 책 가게

당초 청조(清朝)의 대학자 지샤오란(紀曉嵐, 기효람)의 열미초당(閱微草堂)이 리우리창 남쪽에 있었다. 그는 3,000사람을 이끌고 10여 년에 걸쳐 16만여 책의 『사고전서(四庫全書)』를 편찬하였다. 이때 중국 각지에서 서적상, 책 장수들이 몰려들어 이 거대한 사업의 원시자료, 곧 기초자료를 제공하였다. 그들은 리우리창에 서점을 세우거나 책을 펼쳐 놓고 팔기도 하였다. 이에 리우리창은 중국 최대의 고서적시장이 되기에 이른다.

베이징 거주 문인들은 물론이고 베이징에 온 수만 명의 과거 시험 응시자, 즉 거자(擧子)들은 일상적으로 이 책시장에 몰려들었다. 광서제 연간(1874~1908)에 이곳 서점은 이미 220가(家)에 이르렀고 1945년 해방 후에는 『중국문학사』를 쓴 정첸두어(鄭振鐸, 1898~1958), 중국 법학자 장여우위(張友漁, 1899~1992), 『해서파관(海瑞罷官)』을 쓴 역사가 우리한(吳日含, 주로 우한(吳含)이라 부름, ?~1969) 주도로 '중국

서점(中國書店)'이 들어선다. 출판사를 겸하는 이 서점의 간판 글씨는 『십비판서(十批判書)』로 유명한 궈모뤄(郭沫若, 1892~1978)가 썼다. '중국서점'은 중국에서 가장 큰 고서점이 되어 수많은 교수와 연구 인력을 위해 대량의 귀중한 자료를 제공한다. 자료가 없어 애를 먹던 사람들을 살려 주던 곳, 이른바 '구명장(救命場)'이 된다. 그 후 리우리창에서 서점은 하나둘씩 늘게 되어 이른바 '서향(書香)', 책 향기가 사방으로 넘쳐 났다.

동아시아 근대 사상을 발휘하게 한 유서 깊은 문화시장

리우리창 시장에서는 차를 구입하거나 아담한 찻잔이나 잡다한 골동품을 사면서 베이징 여행을 즐길 수 있다. ⓒ 이명수

리우리창은 중국 지식인에 대한 문물 정보 제공의 장소이면서 베이징 거주 지식인의 활동 공간이었다. 그들은 이곳에서 책을 사고 정보를 교환하며 시대정신을 발휘했다. 이런 전통은 건륭제 당시 이루어졌던 『사고전서』 작업의 영향이기도 하거니와, 수많은 사상가, 학자, 정치가, 문인들이 직간접적으로 이곳을 왕래하면서 그들 나름의 근대정신을 잉태하고 자신들의 저서를 통해 자기들 나라가 가야 할 방향을 제시하였다.

그런 점에서 리우리창은 근현대성의 장소다. '근대'란 서양의 모더니티의 시간성이다. 기계적 합리성, 도구적 용이성, 물질주의적 메커니즘을 근간으로 하는 사람의 존재 방식을 '근대성'이라고 한다면, 이 같은 서구 역동성은 중국인의 가치 지향에 큰 영향을 준다.

이곳은 중국에 밀려온 서구의 모더니티를 고민한 사람들의 장소이다. 리우리창은 정보를 교환하거나 거기서 얻은 정보를 가지고 중국이 가야 할 길을 논하고 그곳에서 학회나 대회를 연 곳이다.

리우리창 문화가와 한 몸인 '리우리창 전(琉璃廠甸)'에서 1년에 한 번 춘절, 음력 초하루에서 열닷새까지 먀오후이(廟會, 廟市, 節場, 절기장터, 절간장-절에서 이루어지는 장터)가 열렸다. 중국인의 설, 춘지에(春節) 기간 리우리창전 먀오후이 때엔 그곳 어디든 시끌벅적하였다. 이 기간 동안 입장표를 받지 않았는데, 놀러 온 몇만 명의 사람들로 발디딜 틈이 없었다. 세계 각지에서 온 사람들이 베이징의 특유의 음식을 맛보고 전통 공예품을 사 가기도 하였다. 탕후루(糖葫蘆)라는 설탕에 재운 과일 꼬치를 맛보거나 커다란 팔랑개비를 사 가 집에다 걸곤 하였다. 이 행사는 2006년 제1진 국가급무형문화재로 지정되는데, 피영무용(皮影舞蹈), 궁정식 등롱, 호두씨 장식거리 등도 창전 먀오후이의 독특한 볼거리이다. 지금은 먀오후이가 지단 공원(地壇公園)에서 열린다.

이 리우리창 전(琉璃廠甸)은 '중국인의 근대적인 역사의식'의 산실이기도 하다. 그곳 주변에서 아편전쟁 시기에 아편을 태움으로써 중국인의 민족정신을 일깨운 린저쉬(林則徐, 1785~1850), 세상을 크게 하나로 바라볼 것을 요청한 대동사상가 캉유웨이(康有爲, 1858~1927), 중국의 변화를 위해 피를 흘린 사람이 있어야 한다는 의미를 솔선하여 실천한 무술혁명의 사상가 탄스퉁(譚嗣同, 1865~1898), 신민사상의 량치차오(梁啓超, 1873~1929), 5·4운동의 불을 지핀 루쉰(魯迅, 1881~1936) 등이 이곳을 노닐었고, 중국혁명의 아버지 쑨원(孫文, 1866~1925)은 후광회관(湖廣會館)에서 국민당성립대회(國民黨成立大會)를 열었다. 그들 대부분 과거 시험에 뜻을 두어 리우리창과 가까이 지낼 수밖에 없었던 사람들이기도 하다.

이들은 리우리창을 드나들며 수많은 자료를 소화하고 그 자료를 통해 얻은 의미를 '현장으로 끌고 온 사람들'이었다. 서구의 충격과 전제군주제가 남긴 암울한 현실 속에서 현상을 타파할 아이디어를 짜기 위해 이곳에서 동분서주하였던 것이다.

이곳은 조선 사신들이 중국 지식인들과 교우하고 서적 구입을 위해 반드시 들렀던 공간이다. 홍대용(洪大容, 1731~1783)은 리우리창에서 자명종 같은 서양 물품에도 큰 관심을 보였다. 이덕무(李德懋, 1741~1793)와 박제가(朴齊家, 1750~1805)는 1778년 이곳을 다녀갔다. 그들은 리우리창의 서점 오류거(五柳居)에서 많은 책을 구입했고, 1780년(정조 4년)에는 홍대용의 친구인 박지원(朴趾源, 1737~1805)이 러허(熱河, 중국 허베이성의 청더(承德))와 이곳을 다녀가서 『열하일기』를 남긴다. 조선의 관료이자 지식인들은 이곳에서 자기 나라가 시대에 뒤떨어지고 있음을 깨우치기도 하였다. 이곳 상인이 조선에 가지고 온 책을 사기도 하였다. 최한기는 이곳 서상(書商)이 갖고 온 신문물에 관한 수많은 책들을 구입하여 마구 읽어 대었다. 그 같은 영향의 결실이 『명남루총서(明南樓叢書)』이다.

다양한 베이징 문화를 즐기고 값나가는 보물을 찾던 곳

300년간 베이징의 문화인 가운데 리우리창과 그 주변에 가지 않은 사람은 거의 없었다. 그만큼 '리우리창 전'과 '리우리창 문화가'는 하나로 엮여 베이징의 문화, 이른바 '경미 문화(京味文化)'를 선도하였다. 역사상 리우리창만큼 궁정문화, 사대부문화, 종교문화와 민속문화가 서로 얽혀 문화지형을 형성한 곳도 드물 것이다.

먀오후이가 민속문화에 치중했다고 한다면, 평상시 리우리창은 베이징 문화를 들여다볼 수 있는 창이었다. 앞서 언급한 린저쉬는 그의 일기에서 "오전에 머리를 깎고 리우리창에 갔다가 늦게 돌아왔다"라거나 "오전에 리우리창에 가서 이것저것 쳐다보다가 저녁 늦게 돌아왔다"라는 글이 있는데. 그만큼 리우리창에 가면 볼거리가 많았음을 나타내 주는 것이리라. 후스(胡適, 1891~1962)도 리우리창에 간 기록을 그의 일기에 여러 번 남기고 있고 루쉰은 그의 일기에서 수십 차례 리우리창에 간 기록을 남겼다. 문인들은 저마다 리우리창이나 그 주변에 가서 서적이나 서화 작품 그리고 종이, 붓, 먹, 벼루를 골라 샀고, 관원들은 대체로 골동품을 수집해 갔다. 여기에는 원래 한 줄로 늘어선 '하마석(下馬石)'이 있어서 왕공대신(王公大臣)이나 고관대작(高官大爵)들이 이곳에 이르면 모두 말에서 내려 옷매무새를 바로잡았다.

그들은 다시 주옥이나 보물 등의 골동품을 파는 상점에 나아갔다. 물건을 알아보는 사람은 한 번에 천금을 쾌척하여 진품을 구입할 수 있었다. 각지의 문물(文物) 상인도 천리를 멀다 하지 않고 '기이한 물건'이면 다 가지고 와서 리우리창 전문가들의 감정을 받았다. 그러고 나서 물건을 넘기거나 살 사람을 기다렸다. 1945년 해방이 되자, 리우리창에는 어떻다고 분명하게 값을 정하지 못하는 진귀한 서화 작품이 존재하게 된다. 이에 앞서 언급한 궈모뤄, 시인이자 저널리스트인 덩퉈(鄧拓, 1912-1966), 우일한(吳日含) 등 학자들이 감정을 해 주었는데, 그들이 옛 본보기를 들어 골동 서화에다 제자(題字, 책머리나 족자(簇子), 비석(碑石) 등에 글자를 씀)를 하고 인장을 찍노라면 국내외적으로 두 번 다시 논란거리는 존재하지 않게 된다.

리우리창에는 크고 작은 수많은 골동품들이 수집가와 관광객을 기다리고 있다.
ⓒ http://s.visitbeijing.com.cn

예술 작품의 거래시장, 저명 예술인 탄생의 장소

리우리창의 문화예술용품 전문 판매는 1736년(청나라 건륭 원년)부터 계산하더라도 그 역사가 270년을 훌쩍 넘는다. 청대 중엽 이후 리우리창은 독서에 필요한 '지필연묵(紙筆硯墨: 종이, 붓, 벼루, 먹)'과 '금기서화(琴棋書畵: 옛 중국의 사대부(군자, 선비)가 갖추어야 할 아취(雅趣). 거문고, 바둑, 서예, 그림)' 등 예술 용품을 두루 갖춘 전문시장으로 발전하는데, 300년 가까이의 기간 동안 베이징에 오는 문화인이라면 리우리창을 들르지 않는 사람은 거의 없다.

예술용품 가게 가운데 영보재(榮寶齋)의 수인전지(水印箋紙), 덕고재(德古齋)의 금석척편(金石拓片), 대월헌(戴月軒)의 낭호필(狼毫筆) 등은 특히 유명하다.

갤러리가 있는 영보재는 리우리창뿐만 아니라 베이징에서도 100년 이상 된 점포 가운데 하나이다. 이 가게의 전신은 '송죽재(松竹齋)'로 1672년 건설되기 시작해 지금까지 300여 년의 역사를 갖고 있다. 영보재의 '목각수인(木刻水印)' 기술은 너무나 유명하다. 서예나 작품의 선의 굵기, 색채, 농도의 변화를 맞추기 위하여 여러 개의 각판을 조각한 후, 원작과 매우 유사하게 옅은 색에서 짙은 색에 이르는 순서로 이중 삼중 인쇄한다. 물론 종이, 먹, 색채 등 원료가 거의 비슷하여 그 완성품은 진품의 작자가 보아도 혼동할 정도라고 알려져 있다.

이런저런 중국 전통문화의 작품들을 살 수 있는 이곳은 중국화 거장(巨匠) 탄생의 장소이기도 하다. 현대 중국화의 대가이며 중국 근대미술의 아버지라 불리기도 하는 치바이스(齊白石, 1863~1957)는 이 거리에서 무명 화가에서 대가로 성장한다.

현재 리우리창은 문화인들이 모이는 장소라고 하지만, 실제로는 골동품이나 서화를 파는 가게, 노점상이 생겨 서화나 골동품은 이목을 끌게 된다. 자연적으로 사람들은 서로 가까이 지내면서 기꺼이 물건을 거래하게 된다.

오늘날도 고서적과 골동품을 비롯해서 많은 귀한 물건들이 이곳에서 팔리고 있어서 특히 소장가들이 즐겨 찾는다. 이곳에 가면 줄줄이 늘어선 점포들의 진열창을 통해 가게 주인의 소장품들을 유심히 들여다보는 관광객이 많다. 여기에는 가치를 헤아릴 수 없는 아주 귀중품이 있는가 하면 아주 정교한 모조품도 있다.

리우리창에 가면 특별한 '예술 체험'을 할 수 있다. 자신의 이름을 새긴 도장이나 낙관을 구입할 수 있다. 즉석에서 기계로 이름 석 자를 돌에 새기거나 특별히 주문하여 예술성을 가미한 작품용 낙관을 제작할 수도 있다.

여비를 위해 수험도구를 팔고 고향에 간 낙방생의 애환 공간

중국에서 1905년 과거 제도가 폐지되고 신해혁명(1911) 이후 그 제도가 완전히 발자취를 감출 때까지, 선비들에게 이 시험은 그야말로 입신출세의 기회였다. 리우리창은 과거 시험 준비의 공간이기도 하다. 조선 시대 격동기에 선비들이 살았던 서울의 북촌에 인접한 인사동에 비견되는 명소로서 리우리창에서 과거 응시자들은 수험서와 수험도구로서 문방사우를 샀지만, 이곳은 그것 못지않게 그들의 애환이 묻어 있는 곳이다. 황궁 근처에서 과거 시험을 보기 위해 전국 각지에서 몰려든 그들은 벼루, 먹, 종이, 붓 등의 필기도구와 과거 시험 공부에 필요한 수험서를 이곳에서 구입하였다. 과거 시험의 텍스트인 유교적 소양의 경전을 구입하기도 하였다.

그렇지만 시험을 본 후에는 내다 팔 수밖에 없는 사람이 많았다. 청나라 건륭제 때 한층 성행한 과거 시험이야말로 입신출세의 기회였지만, 낙방한 사람들에게는 사정이 달랐다. 낙방생들이 고향으로 돌아가기란 막막하기 그지없는 일이었다. 여비를 마련하기 위하여 하는 수 없이 필기구와 서적을 이 거리에서 파는 일이 빈번하였다. 나중에는 귀중한 서화나 서예 작품을 가져와 파는 사람도 많았다. 조상들이 남긴 천금 같은 재산을 팔아먹는 것이었다. 그런가 하면 생계를 꾸리기 위하여 집에 있는 서화나 골동품을 팔기 위해 이곳에 오는 귀족의 자제들도 많았다.

'후퉁'이라는 골목문화와 어우러진 '역사성'의 시장

리우리창 주변에는 베이징 고유의 골목길, 후퉁(胡同, 衚衕)이 있다. 이 후퉁은 삼륜차를 타면서 관광할 수 있다. 이곳은 베이징 서민의 주거 공간이다. 과거 시험을 준비하기 위해 이곳에 머물고 간 사람도 많았다. 비록 과거 시험에 낙방을 하였지만 아버지를 따라 후난성에서 이곳에 와 머물며 시험 준비를 한 탄스퉁은 그 한 예이다. 이곳에서 관광객들은 차를 마시며 저명 작가의 서화 작품을 감상하거나 물건을 사기도 한다. 그러면서 옛 베이징 서민들의 삶을 짐작해 보기도 한다.

당초 원나라를 통치했던 몽골인들은 우물을 중심으로 마을을 형성했다. 그러자 베이징에는 수많은 골목이 형성된다. 후퉁은 우물을 뜻하는 몽골어 'Hottong'이 그 어원이다. 그 숫자는 원대(元代)에서 명나라와 청나라 시기를 거치면서 1945년 해방 이후에는 6,000여 개까지 증가한다. 그렇지만 개혁개방 이후 낡은 지역에 새로운 변화를 주려는 움직임 탓에 후퉁은 철거되기 시작한다.

리우리창에 가노라면 이 같은 서민의 주거 생활 공간을 체험할 수 있다. 시간은 공간을 변화시킨다. 리우리창도 예외가 아니다. 옛 유리기와 공장에서 서생들의 거리로 변화했고, 서적을 구입하고 예술 작품이나 그 제작도구를 구입하며 중국 전통의 차와 도자기, 그 밖의 골동품을 사기 위해 북적이던 곳이지만 그런 시끌벅적한 기운은 이제 예전 같지 않다.

'이곳의 존재들', 그것이 사람이든 사물이든, 현상학적 용어를 빌

자면 세계-내-존재라는 '현존재'는 '오늘'을 재료로 끊임없이 역사성을 쌓듯이, 리우리창의 모든 구성 요소들, 이를 '시장-내-존재'라고 할까, 이곳의 존재자들도 역시 시간에 따라 달라지는 공간적 특성 속에 있다. 옛날의 시장은 우리의 기억 속에 존재하고 우리는 오늘 훗날의 기억을 만드는 과정에 있다. 거기서 이전처럼 희귀한 책이나 물품, 전문적으로 영업하는 사람들을 찾아 볼 수 있으리라는 기대는 어느새 반감될 수밖에 없다. 그런 마음으로 '시장'으로서 '리우리창'을 바라보지 않으면 안 되는 시공간적 조건에서 사람들은 오늘도 이곳을 찾는다.

어두침침한 겨울의 한 줄기 빛

독일 크리스마스 시장

조관연

독일의 주요 크리스마스 시장

기독교와 크리스마스 시장

위치	신성로마 제국 영토였던 독일, 오스트리아, 벨기에, 이탈리아 티롤, 프랑스 알자스 등지. 1980년대 이후 다양한 나라로 확산되는 추세
형성 시기	14세기 중반에 시작되어 20세기에 현재 모습으로 재탄생
상품 종류	지역 전통 음식이나 수공예품(크리스마스 장식용 혹은 선물용) 등
유형	상점('마구간'으로도 불림)에서 지역 소상인과의 직접 거래
개설 주기	매년 11월 말~12월 24일 오후 2시까지 (지역/시장규모에 따라 다름)

신성로마 제국(962~1806)은 정치적 영향력이나 제국 내의 내적 결속력 모두 약했기 때문에 유럽사에서 그다지 중요하게 다루어지지 않고 있다. 하지만 이 제국의 영향력은 크리스마스 시장(Weihnachtsmarkt)에서 아직도 발견할 수 있다. 이 시장은 독일과 오스트리아, 이탈리아 북부의 티롤 지역, 프랑스의 알자스 지역, 벨기에와 룩셈부르크 등지에서 열리고 있는데, 신성로마 제국의 정치적 영향력이 강했던 지역들이다. 독일 크리스마스 시장은 1980년대 중반 이후 독일 국경을 넘어서서 영국, 미국, 체코 등지로 확산되고 있다. 이는 경제적 효과뿐만 아니라 지역 전통문화의 보존과 발굴 그리고 지역 정체성 형성에 이 시장이 중요한 역할을 하고 있기 때문이다. 이와 같은 맥락에서 독일의 크리스마스 시장을 살펴본다.

크리스마스 시장은 지역에 따라서 '대림절 시장(Adventmarkt)', '아기예수 시장(Christkindlmarkt)', '슈톨렌(Stollen, 크리스마스 때 먹는 견과와 과일이 들어간 빵) 시장', '글뤼바인(Glühwein, 계피와 레몬을 넣고 끓인 뜨거운 포도주: 뱅쇼) 시장' 등으로 다양하게 불리고 있다. 이들 이름에서 이 시장이 가지고 있는 다양한 의미를 알 수 있다. 현재 독일에서는 3,400여 개 이상의 크고 작은 크리스마스 시장이 열리고 있는데, 개장 시작과 개장 기간에서 차이를 보이고 있다. 큰 시장을 중심으로 이야기한다면, 대체로 대림절 전주의 월요일(대체로 11월 말)부터 크리스마스이브 날까지 거의 한 달 동안 열린다.

크리스마스 시장은 원래부터 이렇게 오랫동안 열리지 않았다. 독일에서 이 시장이 가장 먼저 언급된 기록은 1384년으로 드레스덴 근처의 바우첸(Bautzen)에서 발견할 수 있다(드레스덴이나 뮌헨은 자신들이 더 오래되었다고 주장하고 있다). 이 시장은 제후의 특별 허가 덕분에 열릴 수 있었는데, 주민은 대림절(待臨節) 단식이 끝난 후 먹을 고기나 겨울나기에 필요한 물건을 하루 동안만 구매할 수 있었다.

중세 서구 기독교 사회에서 대림절은 속죄와 회개를 하면서 아기 예수의 탄생을 기다리는 고통과 기쁨이 섞인 기간이었다. 또한, 주민들은 이 기간에 용서와 화해 그리고 나눔을 실천해야 했다. 이런 종교적 의미는 현대 크리스마스 시장에서도 어느 정도 발견된다. 시간이 지나면서 어린아이에게 선물할 장난감, 과자, 군밤 그리고 볶은 아몬드 등의 물품이 추가되었지만, 기독교의 종교적 경건함이 지배하는 세계에서 크리스마스 시장은 활성화될 수 없었다.

크리스마스 시장의 재탄생

또한, 양차대전을 겪은 많은 독일 사람들은 기독교에 대해 회의를 품기 시작하였고, 실제로 그 교인의 숫자가 대폭 줄어들었다. 하지만 기독교는 독일 사회에서 가치와 규범 체계로서 아직도 사

뮌헨의 구유(Krippe)의 모습 ⓒ weihnachtsmarkt-marienplatz.de

회에서 굳건하게 자리 잡고 있다. 독일 크리스마스 시장은 이러한 맥락들 속에서 변화할 수밖에 없었다. 19세기 초반의 일부 지역 크리스마스 시장은 외형상 현재의 크리스마스 시장과 유사한 면을 많이 보이고 있다. 독일 맥주처럼 크리스마스 시장도 지역과 도시별로 차이점을 보일 뿐만 아니라 한 도시 내에서 열리는 시장들 사이에도 작지 않은 차이가 있다.

독일은 사회복지 체계가 잘 갖추어진 나라인데, 이 덕분에 많은 사람들은 돈을 모아서 여름에는 해외여행을 떠나고, 겨울에는 식구와 동료에게 줄 선물을 구입하거나 가구를 장만한다. 크리스마스는 아직도 전 가족이 모두 모여서 함께 시간을 보내는 경건한 종교 축일이다. 사람들은 이를 위해 크리스마스 장식을 하고, 서로 선물을 교환한다. 대부분 어느 누구나 멋지고 고급스럽게 크리스마스 장식을 하고 싶어 하는데, 크리스마스 장식은 그 집의 취향과 수준을 말해 주는 지표이기도 하다. 크리스마스 선물 교환은 독일 사회의 중요한 사회적 행위인데, 비싸지 않으면서 독특하고 정성이 담긴 작은 수제품을 선호한다.

크리스마스 시장은 이런 소비자의 요구에 잘 부응하는 상품을 파는 곳이다. 여기서 주로 거래되는 것은 다양한 지역 수공업 제품(Handmade in Germany)인데, 매우 비싸지 않으면서도 장인과 지역 전통의 숨결이 느껴지는 물건들이 주를 이룬다. 또한, 크리스마스는 용서와 화해 그리고 나눔의 시간이기 때문에 사람들은 가족 단위로, 또는 동료들과 함께 이 시장에 와서 즐거운 시간을 같이 보낸다.

크리스마스 시장의 전형적인 모습을 이야기하는 것은 다양성 때문에 어렵지만, 우선적으로 다양한 지역 특산 음식물과 지역 전통 수공업품이 거래되는 장터이다. 또한, 부모와 함께 온 아이들은 맛있는 수제 과자와 초콜릿을 먹고, 불이 번쩍이는 회전목마와 관람차를 타고 논다. 각 시장마다 약간의 차이는 있지만 독일 또는 지역 특산의 렙쿠헨(Lebkuchen), 프린텐(Printen), 베를린 팬케이크, 슈톨렌, 슈페큘라티우스, 초콜릿, 솜사탕, 볶은 아몬드, 군밤, 소시지 등이 주요한 간식거리이다.

음료로는 글뤼바인, 포이어짱엔보울레, 푼취, 복비어 등이 있는데, 글뤼바인은 이 중에서 압도적인 인기를 누리고 있다. 구유(Krippe, 예수 탄생 순간을 인형이나 조각품으로 재연한 것), 호두까기 인형, 산타클로스, 천사, 악마, 피라미드 등의 수제 목각 인형과 슈빕보겐, 트리 장식용 유리구슬과 별 장식 등의 장식품은 스테디셀러이다.

크리스마스 시장은 상품 소비의 공간일 뿐만 아니라 지역 문화의 발굴과 보존 그리고 재생산의 장소이기도 하다. 각 시장별로 다양한 문화와 예술 프로그램들이 동시에 개최되는데, 프로그램 대부분은 지역 문화전통에 기반한 내용이 주를 이룬다. 인기 있는 프로그램은 합창, 연극, 인형극 등인데, 지역어(사투리)로 부르는 노래를 듣는 것은 색다른 재미이다. 나눔과 봉사의 기독교 정신에 맞도록 기업은 시장 개설에 협찬을 하고, 상점들은 수익의 일부를 소외된 사람을 위해 기부하고 있다. 반짝이는 불빛과 시끌벅적한 즐거운 소리, 다양한 과자와 사탕 그리고 음식에서 나는 향기는 시장마다 다른데, 어린아이들은 이런 분위기에서 자신들의 고향에 대한 추억을 만들어 가며, 어른들은 어린 시절의 향수를 느낀다.

뉘른베르크 크리스마스 공연 모습 ⓒ Uwe Niklas, www.christkindlesmarkt.de

주요 크리스마스 시장들

독일 관광청은 2014년 볼거리 100선을 발표하였는데, 이 안에는 3개의 크리스마스 시장이 포함되어 있다. 뉘른베르크 시장(52위), 드레스덴 시장(71위) 그리고 프랑크푸르트 시장(94위)이다. 이 3개 크리스마스 시장과 함께, 사람들이 많이 방문하는 쾰른 크리스마스 시장의 특징을 소개한다.

1. 뉘른베르크 '아기예수 시장'

매년 대중 매체에서 크리스마스 시장의 시작을 알릴 때 가장 먼저 소개하는 곳이 뉘른베르크의 크리스마스 시장이다. 이 지역은 가톨릭이 강한데, 사람들은 이 시장을 지역어로 '아기예수 시장(Christ-kindlesmarkt)'이라고 부르고 있다. 하지만 이 시장이 유명하게 된 데는 어두운 역사가 있다. 이 도시의 크리스마스 시장은 다른 주요 도시와 비교하면 상대적으로 늦은 1628년에 처음으로 열렸다. 1737년에는 지역 수공업자 140명이 자신들의 수공업품 판매를 허락받아서 시장의 품목이 대폭 늘어났다. 하지만 값싼 대량생산품 때문에 이 시장의 위세는 19세기에 들어서서 크게 위축되었는데, 1930년대에 들어서서 다시 활기를 찾았다. 뉘른베르크는 나치 정권의 '정신적 고향'이었는데, 이 상징성 때문에 이차대전 전범 재판이 이곳에서 열렸다. 나치 정권은 자신들의 '정신적 고향'인 이 도시의 '아기예수 시장'을 독일 제국의 역사와 문화를 대표하는 보물 창고라고 생각했고, 국가적 차원에서 이 시장을 장려하였다. 나치 정권에 의해 이 시장은 독일 문화의 정수를 보여주는 문화이벤트가 된 것이다.

19세기 석판화 속의 아기예수 시장 모습 ⓒ wikipedia

이차대전이 끝나고 시민들은 이 시장의 어두운 과거를 떨쳐 버리고 새롭게 그 의미를 구축해야 하는 과제와 직면했다. 1948년에 시장이 다시 열렸는데, 노동자의 아들이며 지역의 진보적인 극작가인 프리드리히 브뢰거(Friedrich Bröger)는 개회사에서 민족·국가적 차원이 아니라 기독교 정신과 지역 전통을 강조하는 개회사를 하였다. 그의 말은 큰 사회적 반향을 일으켰고, 이후 약간의 수정을 거치면서 그 내용이 확정되었다. 이 시장의 특징은 매년 아기예수를 선출하는 데 있는데, 1948~1970년까지는 두 명의 여배우가 이 역할을 담당했다. 이후 매 2년마다 160cm 이상의 16~19세 사이의 처녀들에서 선발하는데, 고소공포증이 없어야 한다. 아기예수는 매년 시청 발코니에서 개회사를 해야 하기 때문이다. 아기예수는 두 명의 황금 천사를 대동하고 양로원, 어린이집, 보호시설 등을 방문할 뿐만 아니라 다른 도시에서 열리는 크리스마스 시장도 친선 방문하고, 대중 매체의 인터뷰에도 응하고 있다.

뉘른베르크는 행정적으로는 바이에른 주에 속하지만 프랑켄 지역의 중심도시이다. 시장의 180여 개 상점은 프랑켄 지역 전통에 따라 나무와 붉은색 줄무늬 캔버스 천으로 만들어져 있다. 이 때문에 '나무와 천의 작은 도시'라는 별명으로도 불리는데, 이 시장은 도시와 인근 지역에서 생산된 전통 상품만을 판매하는 것을 원칙으로 하고 있다. 뉘른베르크 렙쿠헨, 소시지, 슈톨렌, 금빛 천사 등의 크리스마스트리 장식품 그리고 마른 자두와 호두로 만든 쯔베츠겐멘레(Zwetschgenmännle, 지역어로 작은 자두 남자라는 뜻이다) 인형이 대표적인 상품이다.

뉘른베르크의 한 철사 제조공은 크리스마스를 맞이해서 아이들에게 선물을 주고 싶었지만, 자신이 갖고 있는 것은 철사와 집 앞의 자두나무밖에 없었다. 그는 철사와 자두로 남자 인형을 만들어서 아이들에게 선물로 주었는데, 아이들은 이 인형을 즐겁게 먹었다. 현재 쯔베츠겐멘레는 이 시장의 대표 상품이 되었으며, 다양한 종류의 쯔베츠겐 인형들이 만들어지고 있다. 현재의 쯔베츠겐멘레에는 "절대로 먹지 말라"라는 문구가 달려 있다. 시장 주변에서는 연주회와 합창과 같은 다양한 문화예술 프로그램들이 열리는데, 가장 대표적인 행사는 1,500

명의 남녀 학생이 자신들이 만든 등을 들고 예수 탄생을 기리는 행진이다.

뉘른베르크 시장연합회는 가게의 모습과 상품을 지역 전통에 맞도록 하기 위해 적극적으로 개입하고 있으며, 시 당국은 1981년부터 지역 전통에 잘 부합한 매장에 메달을 수여하고 있다. 독일의 대표적인 크리스마스 시장이지만 지리적 위치 때문에 방문객은 약 200만 명(2013년) 이며, 외국인 관광객으로는 일본인이 7,000명(2013년)으로 가장 많다. 일본인은 로만티쉐 슈트라세(Romantische Strasse, 낭만 가도)를 특히 선호하는데, 뉘른베르크는 이 가도 위에 있으며, 중세적 분위기가 잘 보존되어 있기 때문이다.

2. 프랑크푸르트 '크리스마스 시장'

프랑크푸르트 시장은 현재 표준 독일어로 크리스마스 시장이라고 부르고 있는데, 예전에는 뉘른베르크와 마찬가지로 '아기예수 시장'(Christkindlmarkt, 뉘른베르크와는 약간 다른 지역어이다)이라고 불렀다. 세계의 대표적인 국제금융도시인 프랑크푸르트는 지역 정체성 대신에 국제적인 정체성을 선택했기 때문에 이런 변화가 가능했다. 이 도시는 고대부터 독일의 중요한 교역 중심지였는데, 1393년에 처음으로 크리스마스 시장이 열렸다. 도시에서 열리는 다른 시장과 달리 크리스마스 시장에서는 외지 상인이 물건을 판매할 수 없었다. 이 시장은 일종의 지역 상인과 제조업자 보호 역할을 하였는데, 드레스덴 크리스마스 시장과는 다른 점이다. 19세기에 들어서서 도심 광장에 크리스마스트리를 세우고, 장난감과 렙쿠헨 등의 과자를 판매하기 시작했다.

이 시장에서 호두까기 인형은 특별한 의미를 갖는다. 이 지역 동화에 의하면 가난하고 아픈 소년이 호두까기 왕의 초대로 장난감 나라에서 즐겁게 노는 꿈을 꾸었는데, 다음 날 아침에 깨어 보니 꿈에서 가지고 놀던 장난감이 크리스마스트리 밑에 모두 놓여 있었고, 소년은 건강을 되찾았다고 한다. 동화 속 모습대로 만들어진 호두까기 왕 인형이 1870년부터 크리스마스 시장에서 팔리기 시작했다.

크리스마스 시장이 열리던 도심 광장이 이차대전 중에 심각하게 파괴되었고, 이후 지하철 공사가 이어지면서 유서 깊은 장소에서 크리스마스 시장이 열리지 못했다. 이 장소에서 크리스마스 시장이 다시 열린 것은 1970년이었는데, 지리적 이점과 크리스마스 시장에 대한 시민의 목마름 때문에 많은 방문객이 몰려들었다.

오늘날 이 시장에는 약 200개 이상의 상점이 있는데, 이 중에는 약 60개의 음식점과 약 30개의 사탕과 과자 가게 그리고 6개의 어린이 놀이기구가 있다. 가장 많으면서 중요한 상점은 약 100여 개의 크리스마스 물건 가게이다. 양초, 나무 인형, 양철 장난감과 같은 전통적인 토산품부터 현대적인 크리스마스 장식품이 여기서 팔리고 있다. 상인의 도시 프랑크푸르트는 상품화에도 남다른 감각을 보이고 있는데, 1995년부터 지역의 문화적 상징을 디자인한 글뤼바인 도자기 술잔을 팔았다. 이 술잔이 큰 인기를 끌자 다른 도시들도 이런 잔 만들기에 동참하였는데, 디자인은 매년 바뀌고 있다.

남다른 감각은 개장 기간 연장에서도 나타난다. 시 당국은 2005년 대림절 이전 첫 번째 일요일에 크리스마스 시장을 개장하는 것을 허가하였는데, 가톨릭과 개신교단은 이에 강하게 항의했다. 교단은 도심 교회의 모든 종을 타종하지 않았고, 교인에게는 크리스마스 시장에서 물건을 구매하지 말 것을 촉구하였다. 이 일요일은 아직 연옥에 있는 망자들을 위해 기도하는 성스런 '망자의 일요일(Totensonntag)'인데, 시 당국은 이런 날에도 시장을 개설하려고 한 것이다. 지역 사회에서 이를 둘러싸고 찬반 격론이 벌어졌는데, 결국 일요일에 시장을 열지 않기로 결정하였다. 이 사례는 지금 독일 전역에서 벌어지고 있는 크리스마스 시장의 상업화 경향을 대표적으로 보여 주고 있다.

프랑크푸르트 크리스마스 시장 전경 ⓒ shutterstock

프랑크푸르트는 크리스마스 시장을 1987년 자매도시인 영국 버밍햄에 수출했다. 이로써 영국에서도 크리스마스 시장이 처음 열렸는데, 이를 축하하기 위해 약 80명의 독일 공연단이 방문했다. 버밍햄 시장은 프랑크푸르트에 버금가는 상업적 성공을 거두었고, 이에 고무된 맨체스터, 에든버러 그리고 리즈 시도 지역 경제 활성화를 위해 크리스마스 시장을 개설하고 있다. 프랑크푸르트는 국제적 개방성을 지향하고 있는데, 홈페이지는 영어로 시장을 홍보하는 데 열심이며, 독일어 바이나흐츠마르크트(Weihnachtsmarkt) 대신에 영어인 크리스마스 마켓(Christmas market)이라고 기꺼이 부르고 있다.

3. 드레스덴 '슈트리젤 시장'

작센 선제후 프리드리히 2세의 특별 조치 덕분에 1434년 12월 23일 하루 동안 구도심에서 정육시장이 처음으로 열렸는데, 이 도시 크리스마스 시장의 기원이다. 드레스덴의 크리스마스 시장은 슈트리젤 시장(Striezelmarkt)이라고 불리는데, 슈트리젤은 슈톨렌의 지역어이다. 이

도시에서는 1500년경부터 크리스마스 직전 일요일에 커다란 슈톨렌 시장이 열렸는데, 이로부터 시장의 이름이 유래한다. 16세기부터 인근 지역과 보헤미아 그리고 에르쯔게비르게(Erzgebirge) 지역 수공업자와 상인이 이 시장에서 물건을 팔기 시작하였는데, 1700년대부터는 시장의 개장 기간이 점차 늘어났고 판매하는 물건의 종류도 토기 그릇과 장난감 그리고 인형 등으로 늘어났다. 이로써 드레스덴은 뉘른베르크, 프랑크푸르트와 함께 독일의 3대 크리스마스 시장으로 자리 잡았다.

이차대전 전에 드레스덴은 유럽의 대표적인 예술도시였지만, 전쟁 중 크게 파괴되었고, 동독으로 편입되면서 어두운 시기가 시작되었다. 동독은 자국민에게 일상품을 배급하는 데도 어려움을 겪었고 종교 활동에 그다지 호의적이지 않았기 때문에 이 시장이 활성화될 수 없었다. 통독 후 드레스덴은 크리스마스 시장을 다시 활성화하기 위해 다양한 노력을 하였는데, 서독의 다른 도시들이 이미 확고하게 선점하고 있는 상황에서 옛 명성을 되찾는 일이 쉽지는 않았다. 구동독 지역은 인구가 적고, 구매력도 낮은 데다 수공업 전통은 상당 부분 사라져 버렸기 때문이다.

작센의 주도인 드레스덴은 '엘베 강의 피렌체(Elbflorenz)'라고 불릴 정도로 아름다운 바로크 건물이 많은데, 한때 '엘베 계곡'은 세계문화유산으로 지정되었다(현재는 다리 건축 문제로 지정 취소된 상태이다). 궁전과 교회들 그리고 젬퍼오페라하우스(Semperoper)는 이 도시의 대표적인 건축물일 뿐만 아니라 문화예술을 가능케 한 기반시설이었다. 통독 후 드레스덴 시는 옛날의 '고급 예술' 전통과 접목해서 크리스마스 시장을 활성화하고 있다. 드레스덴 십자가 소년합창단의 합창 공연과 도시에 사는 250명의 예술가들이 전통과 현대가 어우러진 다양한 공연을 하고 있다. 이런 예술 공연 이외에도 지역 전통을 다시 되살리는 노력을 하고 있는데, 1994년부터 거대한 슈톨렌을 굽고 이를 시장까지 나르는 행렬이 대표적이다. 사람들은 시장에서 이 슈톨렌을 잘라서 파는데, 그 수익금은 자선사업에 사용하고 있다.

이 시장의 또 다른 특색은 약 15m의 6층짜리 크리스마스 피라미드인데, 1999년 기네스북에 등재되었다. 또한, 예전에 경마가 벌어졌던 슈탈호프(Stallhof)에서는 중세 후기를 재현하는 행사들이 열리고 있는데, 방문객은 이들 상점에서 다양한 중세 생활을 경험할 수 있다. 2013년 현재 약 250만 명의 방문객이 이 시장을 방문하고 있지만, 옛날 명성을 아직 완전히 되찾지는 못하고 있다.

4. 쾰른의 '크리스마스 시장'

쾰른의 크리스마스 시장은 17세기에 처음으로 열렸는데, 그다지 중요하게 인정받지 못했다. 하지만 이차대전 이후 주변 루르 공업지대에서 경제적 기적이 시작되었고, 철도와 고속도로의 요충지가 되면서 이 시장은 크게 성장했다. 쾰른 돔 성당은 크리스마스 시장과 잘 어울리는 한 쌍의 조화를 이루고 있다. 쾰른 시에는 7개의 크리스마스 시장이 열리는데, 독일에서 가장 많은 400만 명이 이를 보기 위해 방문하고 있다. 벨기에, 네덜란드, 룩셈부르크 그리고 영국에서 많은 사람들이 전세버스나 저가항공을 이용해서 방문하는데, 지역 전통과 현대적 문화가 어우러진 분위기는 또 다른 매력이다.

다른 도시의 크리스마스 시장과 달리 쾰른 크리스마스 시장은 역사와 전통이 약하기 때문에 새로운 색다른 시도를 할 수 있는 장점이 있다. 뉘른베르크나 드레스덴 등은 독일 정체성이 강한 도시인데, 로마의 최전방 식민지였던 쾰른은 로마 전통에 대해 남다른 자부심을 가지고 있다. 쾰른 돔 광장과 신시장(Neumarkt) 광장에서 열리는 시장들은 분위기가 상당히 다르다. 돔 시장이 돔의 역사적, 종교적 분위기를 이용하고 있지만, 신시장의 크리스마스 시장은 붉은 뾰족지붕 집에 사는 천사와 요정의 나라이다. 쾰른 시장은 전반적으로 지역 전통문화의 순수성에 덜 집착하기 때문에 전통적인 수공예품뿐만 아니라 현대적인 유리공예품과 반지 그리고 장식품들을 상점에서 동시에 쉽게 볼 수 있다.

쾰른 사람들은 쾌활한 편인데, 시장에서도 이런 특색이 드러난다. 다른 시장에 비해 음식점의 숫자가 월등히 많은데, 독일이나 지역의 토속 음식만 주로 팔지는 않는다. 독일의 볼거리 100선에 쾰른의 초콜릿 박물관이 있으며, 시장에는 수많은 종류의 수제 과자와 사탕 그리고 초콜릿이 있다. 이들 과자와 초콜릿에서 인접한 벨기에의 영향을 발견하는 것은 어렵지 않으며, 시장에서 인기 있는 음식 중의 하나는 크림과 체리가 잔뜩 올라간 벨기에 와플이다.

쾰른 크리스마스 시장에서 열리는 행사는 여러 문화가 뒤섞여 있는 느낌인데, 한번은 지역 향토 음악을 노래하다가 다음에는 러시아 폴카 춤을 추는 식이다. 방문객들이 웃고 떠드는 소리와 각종 음식에서 나는 향기 그리고 붉은 뾰족지붕과 반짝이는 조명들이 어우러져서 독특한 분위기가 만들어지고 있다. 쾰른은 개방성을 도시의 지향점으로 삼고 있는데, 유럽에서 가장 큰 동성애자 축제들 중의 하나가 이미 1980년대부터 열리고 있었다. 기독교는 동성애에 그다지 호의적이지 않은데, 쾰른 사람들은 2012년부터 동성애자 크리스마스 시장을 처음으로 개설하였다. 또한, 대림절 동안 소외되고 외로운 사람들이 아침 식사를 함께 할 수 있는 시장도 개설하고 있을 뿐만 아니라, 가난한 사람이 최고급 호텔 레스토랑에서 한 끼 식사를 저렴하게 할 수 있는 기회도 제공하고 있다. 쾰른의 크리스마스 시장은 그 외연을 현재적 시점에서 부단히 넓히는 작업을 하고 있다.

겨울 삶의 한 줄기 빛

독일 크리스마스 시장은 지역에 대한 향수를 만들고, 자극하고 일깨우며, 지역 경제를 활성화한다. 또한, 선물 교환을 통해 가족과 지역 주민들 사이의 상호 연대와 교류가 강화되고, 자선과 나눔

활동은 기독교의 '본래' 정신을 되새기게 한다. 문화적으로는 지역의 전통문화가 다시 주민의 기억 속에서 불려 나오고, 이것을 계승할 목적과 이유를 느끼게도 한다. 경제적 측면에서 본다면 이 시장은 로컬푸드 운동을 넘어서서 다양한 지역 상품의 제작과 소비를 활성화하고, 지역 순환경제가 역동적으로 작동할 수 있도록 도와주고 있다. 또한, 시장에서의 상품 상호 판매와 교류는 지역 간의 공존과 화합을 가능하게 해 주고 있는데, 각박한 신자유주의 질서 아래에서 이는 매력적인 장점이다.

링난 전통문화로의 시간 여행

중국 광저우 상샤주루

이은상

링난(嶺南) 전통문화로의 시간 여행

위치	중국 광저우
형성 시기	19세기
상품 종류	광저우 특색의 음식, 차, 잡화, 주단 등
거래 단계	소매
개설 주기	상시

광저우에는 유명한 전통적 상업 거리가 두 군데 있다. 그 중 하나가 상샤주루(上下九路), 다른 하나가 베이징루(北京路)이다. 청왕조 중기 이후 광저우에서 상업으로 거부를 축적한 상인, 관료들이 광저우 성의 서문 밖 일대 곧, 시관(西關)에 호화로운 저택을 서로 경쟁적으로 짓기 시작하자 이곳에 각종 잡화점, 주단점, 양화점, 차루(茶樓), 음식점 등이 속속 들어서기 시작했다. 상샤주루는 청왕조 말기 중화민국 초기 이래 줄곧 상업 중심지로서 번영을 누렸다.

중일전쟁이 종결되고 나서 전쟁을 피해 흩어졌던 상인들이 돌아오면서 거리는 다시 번영을 누렸다. 당시 상주루(上九路)에는 금은, 면포점이 많았고 샤주루(下九路)에는 피혁, 주단점이 대부분이었다. 디스푸루(第十甫路)에는 유명한 음식점이 많았다. 문화대혁명 시기 이곳도 타격을 받았지만 1980년대 이후 다시 상업이 부흥하게 되었다.

1995년 광저우 최초의 상업 보행가로 개조된 상샤주루는 동쪽으로 상주루와 샤주루를 지나, 서쪽으로 디스푸루에 이르며, 총길이가

1,200m에 달한다. 거리 양측에는 회랑(回廊)으로 된 중국과 서양의 건축양식이 결합된 기루(騎樓, Arcade) 상가가 늘어서 있어 광저우의 독특한 풍격을 만들어 내고 있다. 2000년대에 이르러 중국 정부는 100년 이상의 오랜 전통을 가진 거리를 라오제(老街), 상점 혹은 음식점을 라오쯔하오(老字號)로 지정하고 있는데, 상샤주루는 광저우의 대표적인 상업 라오제로서 타오타오쥐(陶陶居), 롄샹러우(蓮香樓), 인지탕펀(銀記腸粉), 난신뉴나이톈핀좐자(南信牛奶甜品專家), 순지빙스(順記冰室) 등 수많은 전통 브랜드가 서로 경쟁을 하듯 과거의 화려한 명성을 과시하고 있다. 이렇듯 베이징, 상하이 등 다른 지역과 구별되는 광저우만의 독특한 건축, 음식 등 다양한 볼거리로 가득한, 상샤주루를 무심히 걷다 보면 마치 타임머신을 타고 과거로 시간 여행을 떠난 듯한 인상을 받을 수 있을 것이다.

링난의 중심도시 광저우

광저우 여행을 위해서는 광저우 교통카드 구입이 필수적이다. 이 카드로 광저우 시내 모든 지하철, 버스 등 대중교통을 이용할 수 있고 세븐일레븐 같은 편의점에서 물건을 살 수 있다. 시장, 음식점, 영화관 등에서도 활용이 가능하다. 이 카드를 양성통(羊城通)이라고 부른다.

이처럼 광저우 시내를 돌아보면 '양성(羊城)'이라는 단어를 쉽게 찾아 볼 수 있는데, 광저우를 양성이라고 부르는 이유는 무엇일까.

지금으로부터 3,000여 년 전 주왕조 시대 다섯 명의 신선이 다섯 마리의 양을 타고 광저우에 도착하였다. 신선들은 양이 입에 물고 온 벼 이삭을 백성들에게 나누어 주며 이 땅에 영원히 굶주림이 없게 해 달라고 기원하였다. 그들이 다시 하늘로 올라간 뒤 다섯 마리의 양은 돌로 변하였고 이후 매년 오곡이 풍성해졌다고 한다. 웨슈 공원(越秀公園)의 오양석상(五羊石像)은 바로 양성 광저우를 상징하는 조형물이다.

남월왕박물관 입구. 남월왕묘 유적지와 출토 유물이 전시되어 있다. ⓒ 이은상

다섯 산봉우리[五嶺]의 남쪽을 뜻하는 링난은 광둥(廣東), 홍콩, 마카오, 하이난(海南), 광시(廣西)와 월남의 홍하(紅河) 삼각주 일대 및 북부 지역을 포괄한다. 광둥성의 성도 광저우는 바로 링난의 중심도시이다. 고대 링난은 중원(中原)으로 상상되는 '중심'과는 유리된 채 미개한 수많은 월족[百越族]이 거주하던 야만의 땅으로 인식되어 왔다. 기후뿐 아니라 민속, 문화도 중국의 다른 지방과는 차이를 보인다.

'월(粵)'은 광둥을 지칭하는 말로 광둥어는 월어(粵語), 광둥 오페라는 월극(粵劇), 광둥 요리는 월채(粵菜)라고 부른다. 이는 백월족의 '월(越)'과 같은 뜻으로 발음도 '웨(yue)'로 같다. 광저우는 진나라 시황제의 정벌로 중국 영토로 편입되었지만 진나라가 무너진 틈을 타서 독립한 남월왕국(南越王國, 203-111 B.C)의 중심지로 번영을 누렸다.

주강(珠江) 삼각주 일대에 자리한 양성 광저우는 고대 해양 실크로드의 기점이었다. 당왕조부터 해외 무역의 중심지로 명성을 누렸고 명왕조 때는 조공 무역의 중심지, 청왕조 때는 중국과 서양 간의 무역

특구였다. 아편전쟁으로 인해 영국을 비롯한 서구 열강에 의해 강제로 문호가 개방되면서 대외 무역의 지위를 상하이에 넘겨주었지만 개혁 개방의 최첨단 도시로 화려하게 부활하였다.

광둥성 박물관의 여러 소장품들: 광저우 스타일의 도자기, 시계, 상아로 만든 체스. 광저우 문화가 얼마나 국제적이고 개방적이었는지 보여 준다.
ⓒ 이은상

광저우 시내에 자리한 광둥성 박물관(廣東省博物館)에는 해상 실크로드와 관련한 전시품들로 가득하다. 비단 직조품, 수출용[外銷] 자기, 차, 은식기, 부채, 칠기를 비롯하여 광저우 스타일의 도자기, 조각품, 법랑, 시계 등은 과거 광저우 문화가 얼마나 국제적이고 개방적이었는지를 잘 보여 준다.

청왕조 시대 아편전쟁 이전 80여 년간 서양에 개방된 유일한 도시 광저우는 무역뿐 아니라 과학 기술, 문화의 교류가 이루어진 창구였다. 행상(서구와의 대외 무역을 독점한 특허상인)은 중국어와 영어가 혼합된 이른바 '광둥 영어(Pidgin English)'를 발전시켰다. 외국 상인들의 거주지이자 무역 지구인 13행 상관(商館, Factories)은 현재 광둥스싼항루(廣東十三行路) 이남에 위치하고 있으며 주강을 면하고 있다. 아편전쟁으로 소실되기 전까지 13행 상관은 서양인에게 유일하게 개방되었던 국제도시 광저우를 상징하는 이국적 장소였다.

이처럼 독특한 분위기를 형성한 광저우는 외국 화가의 훌륭한 그림 소재로 사용되었다. 광저우의 풍물 그림은 외국 화가만이 독점했던 것은 아니었다. 서양 회화를 배운 중국인 화가들은 전통적인 중국화법에 서구의 정밀 세밀화 수법을 배합한 수출용 그림을 탄생시켰다. 중국식과 서양풍이 혼합된 양식을 갖춘 행상의 저택, 정원은 외국 상인이 광저우의 명승지로 꼽을 만큼 아름다웠다. 대부분의 건축물은 현재 남아 있지 않지만 수출용 그림 속에서 확인할 수 있다. 그 외에도 광저우의 성곽과 황푸항(黃埔港), 후먼(虎門), 마카오의 풍경은 서양인이 좋아하는 소재였다. 행상들은 관복을 입은 자신의 초상화를 외국 상인에게 선물용으로 주었다. 이러한 수출용 그림은 광저우에 온 외국 상인의 기념품으로 세계 각지에 광저우를 알리는 문화예술 상품이었다.

상샤주루와 링난 건축, 음식문화 아편전쟁으로 13행 상관이 소실되면서 상업 중심지는 13행 상관구에서 상샤주루로 이동하였다. 상샤주루의 독특한 링난 건축문화는 기루에서 두드러진다. 청왕조 때부터 만들어진 기루는 남유럽식 건축과 중국 북방 만주식 장식을 혼합한 것으로, 덥거나 비가 오는 날에도 햇볕과 비를 피할 수 있도록 인도변에 만들어 놓은 회랑 혹은 아케이드이다. 상샤주루에는 20세기 초에 만들어진 200여 개가 넘는 기루 건축물이 남아 있다.

광저우는 아편전쟁 후 무역의 선두 지위를 상하이에 넘겨주었지만 남방의 중심도시로서 서양 문화를 전파하고 소비문화를 형성하는 데 선도적 역할을 담당해 왔다. 시관(西關) 일대는 부유한 상인, 관료

전형적인 링난 건축양식의 광저우 천자츠(陳家祠)와 그 지붕의 조각 ⓒ 이은상

의 대저택이 많아 그에 따른 음식문화가 매우 발달하였다. 시관의 상업 중심지 상샤주루의 라오쯔하오에서 링난의 인차(飮茶), 음식문화를 맛볼 수 있다.

인차(광둥어로 얌차)는 원래 차를 마신다는 뜻으로, 차루(茶樓)에서 뎬신(點心, 광둥어로 딤섬)이라고 부르는 과자, 케이크, 떡, 빵 등 간식과 함께 차를 즐기는 링난의 전통문화이다. 아침 7시부터 11시까지는 짜오차(早茶), 점심 이후 2시부터 5시까지는 샤우차(下午茶)를 제공한다. 고온다습한 기후의 광저우에서는 뎬신과 함께 뜨거운 차를 마시면서 책을 보거나 사람들과 담소를 나누는 생활이 보편화되었다.

상샤주루의 유명한 차루 타오타오쥐는 청왕조 말기 광서황제 연간에 창건되었다. 이곳은 저명한 변법사상가 캉유웨이(康有爲)와 인연이 깊다. 캉유웨이는 광둥 출신으로 광저우에서 만목초당(萬木草堂)이라는 학사를 열고 제자를 양성하였다. 만목초당에서 배출한 대표적 인물이 바로 량치차오(梁啓超)이다. 캉유웨이는 광저우에 있을 때 타오타오쥐에 자주 들러 차를 마셨다고 한다. 현재 타오타오쥐의 현판은 캉유웨이의 글씨이다. 1930년대 시관에는 홍콩, 광둥의 월극 명인들이 많이 거주하였는데 공연이 끝나고 나면 타오타오쥐를 비롯한 유명한 음식점에서 야식을 즐겨 먹었고, 이로 인해 타오타오쥐는 더욱 명성을 얻게 되었다고 한다.

100년 전과 마찬가지로 지금도 타오타오쥐에서는 뎬신과 함께 차를 마시며 담소를 나누는 사람들을 흔히 볼 수 있다. 타오타오쥐 옆 건물 타오타오쥐빙뎬(陶陶居餅店)에서 제작하는 월병(月餠)과 뎬신은 선물용으로 인기가 높다.

타오타오쥐 길 건너편에 있는 롄샹러우(蓮香樓, 蓮은 연밥 연) 역시 100년이 넘은 오래된 차루이다. 원래의 이름은 롄샹러우(連香樓, 連은 잇닿을 연)로 1899년에 창건되었다. 연밥(蓮子)을 사용한 독특한 월병을 만들어 판매하자 한림학사(翰林學士)였던 천루웨(陳如岳)는 '연(連)'을 '연(蓮)'으로 바꾸어 롄샹러우(蓮香樓)의 현판을 써 주었다. 현재 롄샹러우의 현판은 바로 천루웨의 글씨이다. 롄샹러우의 1층은 월병을 만들어 파는 상점으로 2층과 3층은 차루로 이용되고 있다. 타오타오쥐와 롄샹러우가 자리한 디스푸루 거리는 월병을 사러 오는 사람, 뎬신과 함께 차를 마시러 오는 사람들로 인산인해를 이룬다.

광저우의 대표적인 샤오츠(간편식)인 탕펀. 소, 돼지 창자 혹은 설탕에 버무린 채소와 과일로 만든다.
ⓒ http://www.baidu.com

"먹을거리는 광저우에 있다(食在廣州)"라는 말이 있을 정도로 광저우인은 '먹는' 것을 매우 중시한다. 광저우 요리는 음식 재료의 맛을 그대로 살려 찌거나 삶거나 구워서 색(色)과 향(香), 풍미(味), 모양(形)을 추구한다. 샤주루와 원창난루(文昌南路) 교차점에 위치한 광저우주자(廣州酒家)는 1939년에 개업한 광둥 요리 전문집으로 명성이 높다.

광저우는 비싼 요리만이 아니라 일반 서민도 간편하게 먹을 수 있는 샤오츠(小吃)로도 유명하다. 오래전부터 시관 일대는 "백 보 이내에 반드시 먹을 것이 있다"라는 말이 있을 정도로 독특한 풍미의 거리 음식이 전해져 지금까지 이어지고 있다. 인지탕펀(銀記腸粉)은 탕펀으로 유명한 라오쯔하오이다. 탕펀은 소, 돼지, 생선 창자 혹은 설탕을 버무린 채소와 과일로 만든 것인데 청왕조 말기부터 유행하였다.

광저우의 대표적인 샤오츠(간편식)인 솽피나이. 단맛이 강한 일종의 밀크 크림이다. ⓒ http://www.baidu.com

같은 시기 광저우 남쪽 순더(順德)에서 처음 만들어진 또 다른 링난의 대표적 샤오츠는 솽피나이(雙皮奶)이다. 신선한 우유를 끓이면 막이 생기는데 솽피나이는 두 층의 막이 형성되기 때문에 붙여진 이름이다. 단맛이 강한 일종의 밀크 크림이라고 할 수 있다. 난신뉴나이톈핀좐자(南信牛奶甜品專家)는 원래 순더의 유명한 솽피나이 명품점이었는데 1943년 상샤주루로 이전해 왔다. 이곳에서는 솽피나이 말고도 다채로운 광둥식 우유 가공 제품을 맛볼 수 있다.

상샤주루 근처 바오화루(保華路)에 있는 순지빙스(順記冰室)는 쉐가오(雪糕)라는 전통 아이스크림으로 국내외적으로 명성을 날리고 있다. 1920년대 광둥인 루순(吕顺)은 어려서 생계로 고생하면서 태국에서 쉐가오점을 연 이모에게서 제작 기술을 배웠다. 처음에는 거리를 돌아다니며 판매를 했는데 유자향이 가득한 쉐가오가 사람들의 입맛을 끌었다. 이에 스우푸(十五甫, 현재 바오화루)에 순지빙스를 개설하였는데, 순지의 쉐가오는 당시 광저우인 사이에서 모르는 사람이 없을 정도였다. 1950~1960년대에는 중국을 방문한 외국의 원수 및 귀빈들도 즐겨 먹어 1956년 이래 '광저우 명품 미식(廣州名牌美食)'의 칭호를 얻었다.

시정(市井)의 정취가 묻어나는 상업 보행가

광저우 창서우루(長壽路) 지하 철역에 내리면 바오화루이다. 바오화루는 저녁이 되면 광저우 특색의 샤오츠를 파는 크고 작은 음식점부터 저렴한 가격의 의류, 상품을 파는 시장이 열린다. 지하철역 입구에서부터 음식을 먹는 사람, 물건을 사는 사람들로 발 디딜 틈이 없을 정도이다. 바오화루에서 남쪽으로 걸어가다가 디스푸루 입구에서 좌회전을 하면 상샤주루 상업 보행가가 시작된다. 상샤주루 길가 양측으로 즐비한 기루 건축물은 일직선으로 언닝루(恩寧路)까지 이어져있다.

상샤주루 보행가에서 남쪽으로 걸으면 주강 앞의 황사(黃沙) 부두에 이른다. 주강 변을 따라 한참을 가다 보면 톈쯔(天子) 부두에 도착하게 되는데 톈쯔 부두는 주강 유람선을 타는 사람들로 항상 붐비는 곳이다. 청왕조 초기 옹정황제 연간에 만들어진 톈쯔 부두는 광저우에서 가장 규모가 큰 관용 부두였다. 이 톈쯔 부두는 광저우의 또 다른 상업 보행가 베이징루와 연결된다. 베이징루가 광저우의 왕푸징다제(王府井大街)라고 한다면 상샤주루는 광저우의 첸먼(前門) 다자란(大柵欄)이라고 할 수 있다. 베이징루가 천년고도(千年古都)의 번화가라면 상샤주루는 시정(市井)의 정취가 묻어나는 곳이다. 상샤주루의 기루식 건축물과 각종 상점과 음식점을 구경하다 보면 100여 년 전 링난 문화의 번영과 전통을 느낄 수 있는 광저우로 시간 여행을 할 수 있을 것이다.

4세기 넘게 이어진
스웨덴 북부의 전통

스웨덴 요크모크 겨울시장

이유진

위치	스웨덴 북부 노르보텐 주(라플란드 도) 요크모크 기초지방자치단체
형성 시기	17세기 초반에 왕령으로 시작되어 현재까지 이어지고 있음
상품 종류	순록 가죽을 비롯한 지역 토산품과 전통 음식 등
유형	기초지방자치단체가 운영을 총괄하는 공공시장
개설 주기	매년 2월 첫 주 목요일~토요일

"요크모크 겨울시장 주간은 여러 면에서 보기 드문 경험이다. 사람들이 시장을 준비하는 기간 동안 호기심 어린 고요함이 온 마을에 드리워진다. 마을은 온통 눈에 보이는 기대감으로 들썩인다. 마을 트럭들과 로더들은 분주하게 장터와 주차장, 그리고 올해도 어김없이 밀려올 인파를 준비하는 곳곳에서 눈을 치운다. (중략) 마을 주민들은 갖가지 준비로 분주하다. 요리를 만들고 빵을 구워야 하며, 전시할 그림들을 표구하고 순록 가죽을 손질해야 하는 것이다. 많은 사람들이 외모를 멋지게 보이려 하는 까닭에, 태닝 살롱, 미용사들과 의류상들은 손님들을 맞느라 부산하다. 수요일 저녁에 시장 준비 분위기는 최고조에 달하며 손님들은 식당과 나이트클럽에 가득하다. 목요일이 되면 시장이 열린다."

– 마리아 베딘(Maria Vedin), 『요크모크—오랜 역사를 거쳐 온 자연과 문화』(*Jokkmokk – natur och kultur genom tiderna*, 1999)에서

세계 도처에서 많은 전통시장들이 흥망성쇠를 겪는 동안 요크모크 겨울시장(Jokkmokks vintermarknad)은 경제와 사회의 변화에 맞서 4세기 넘게 전통을 지켜 내고 있다. 북극권에서 가장 오래된 이 시장은 1606년부터 한 해도 빠짐없이 정해진 시기에 열렸으며, 지금도 계속 번창하고 있다. 극한의 자연환경에서 주민들이 지혜를 모아 살아왔던 시간 동안 형성된 시장의 역사적 역할과 의미는, 1.5킬로미터 길이로 이어진 가판에서 200여 명의 상인들이 다양한 지역 특산품을 선보이는 모습에서 생생하게 드러난다.

겨울시장의 기원

스웨덴 북부의 대표적인 지역 시장이라 할 수 있는 요크모크 겨울시장은 스칸디나비아 지역의 선주민인 사미(Sámi)인의 역사와 함께해 왔다. 사미인은 전 세계적으로 가장 수가 적은 편인 선주민으로, 현재는 노르웨이, 스웨덴, 핀란드, 러시아 영토에 속한 사미인 거주지역인 사프미(Sápmi)에 70,000여 명이 살고 있다. 한때 야생 순록 무리를 따라 유목 생활을 했던 사미인은 17세기경부터 본격적으로 순록을 방목 형태로 사육하기 시작했는데, 이와 비슷한 시기에 요크모크 겨울시장이 선보이게 되었다.

중세 시대 동안 사미인의 경제생활은 순록을 비롯한 동물 가죽과 가죽 가공품 교역을 바탕으로 이루어졌다. 사미인의 교역은 당시 북유럽의 무역권을 지배했던 독일 북부의 한자 동맹과 긴밀한 관계가 있었다. 한자 동맹은 서쪽으로는 잉글랜드 런던, 동쪽으로는 러시아 노브고로드에 재외사무소를 두기까지 했으며, 라인 강에서 발트 해, 북해에 걸쳐 무역을 관장했는데, 대형 선박을 이용해 스웨덴을 비롯한 북해와 발트 해 지역에서 모피와 대구 등의 지역 특산물을 매입해 스칸디나비아 반도 이남 지역에 팔았다. 사미인이 만드는 가죽 가공품은 인기가 좋았다.

14세기에 전성기를 누렸던 한자 동맹은 15세기 말에 쇠퇴하기 시작했으며, 그와 동시에 세력을 확장하던 스웨덴 왕국과 덴마크-노르웨이 연합왕국은 북극해의 지배권을 놓고 러시아와 다퉜다. 스웨덴 왕국은 북부 국경을 확보하고, 천연자원이 풍부한 지역에서 세금을 걷기 위해 사미인의 거주지인 랍마르켄[1]을 더욱 강력히 통치해야 했다.

요크모크 겨울시장은 1602년 근대 스웨덴 왕국의 시조(始祖) 구스타브 바사(Gustav Vasa, 1496~1560)의 셋째 아들이자 당시에는 공작(Hertig)이었던 스웨덴 국왕 칼 9세(Carl IX, 1550~1611)가 현재 스웨덴 북부 라플란드(Lappland)와 베스테르보텐(Västerbotten), 옘틀란드(Jämtland), 그리고 핀란드 북부의 라피(Lappi)에 이르는[2] 랍마르켄 지역에 시장을 도입할 것을 골자로 하는 포고령을 내림으로써 1605년에 열리기 시작했다. 이 시장은 사프미 전역에 거주하던 사미인들의 교류 장소였으며, 지역 문화 활동이 더해진 지역 축제로 발전해 왔다.

칼 9세는 핀란드를 포함한 스웨덴 북부에서 국가 통치를 강화하고 사미인을 포함한 북부 주민들에게 세금을 걷으며 사법 질서를 유지하고, 루터파 국가교회의 기독교 신앙을 전파하려는 목적에서 시장을 세웠다. 연중 가장 추울 때 랍마르켄에서 시장을 열면 여러 가지 이점이 있었다. 겨울이 되면 사미인들은 순록 떼를 이끌고 숲에 있는 겨울 거처로 모였는데, 이러한 생활 방식에 맞추어 그들은 12~1월에는 모피로 쓸 순록 이외의 동물을 사냥했고, 2월에는 모피를 비롯한 특산품을 거래했다. 얼어붙은 수로들 역시 겨울 혹한기에 시장이 열리는 이유라고 할 수 있었는데, 당시만 해도 근대적인 도로 체계가 갖추어지지 못한 스웨덴 북부에서 얼어붙은 수로들은 상인, 관리와 국가교회 성직자에게 중요한 운송 및 이동 통로가 될 수 있었다.

1 랍마르켄(Lappmarken)은 스웨덴어로 '라프족(Lapp, 사미인을 낮춰 부르는 말)이 사는 땅'이라는 뜻.

2 12세기 중반에서 19세기 초반까지 핀란드는 스웨덴의 지배를 받았기 때문에 랍마르켄에 핀란드 북부가 들어가 있었다

순록과 사미 문화

요크모크 겨울시장의 핵심이 사미 문화에 있다면, 사미 문화를 구성하고 유지하는 데 가장 중요한 요소는 순록이라 할 수 있다. 극한(極寒)의 환경에서도 자라는 순록이끼 등의 지의류(地衣類)를 주식으로 삼는 순록은 북부 스칸디나비아와 러시아 콜라 반도라는 극한 지역에 거주하는 사미인의 생존에 필수 불가결한 역할을 맡아 왔다.

사미인의 야생 순록 포획 역사는 후기 청동기 시대와 초기 철기 시대(기원전 1000년~기원후 500년)까지 거슬러 올라간다. 중세 동안 순록 가죽과 기타 순록 관련 제품들은 다른 종류의 동물 가죽과 함께 곡식, 직물, 금속제 도구와의 물물교환 형식으로 가깝게는 스웨덴의 다른 지역으로, 멀리는 중부 유럽까지 수출되었다. 늘어나는 수요는 야생 순록 무리의 감소를 초래해, 점차 포획보다 계획적인 사육이 필요하게 되었다. 14세기 후반에서 15세기 초반에 북부 노르웨이에 창궐했던 흑사병 역시 순록 사육의 필연성을 가속하는 요인이 되었다. 흑사병으로 인해 인구가 줄어드는 과정에서 이전의 수렵 기술로 순록을 사냥할 전문가들 역시 사라지면서, 생존자들은 수렵 대신 사육을 택할 수밖에 없었고, 이때부터 순록 사육이 시작된 것으로 볼 수 있다.

오늘날 사미인 대부분은 순록 사육으로 생계를 꾸리지는 않으나, 여전히 그들의 생활에서 순록은 중요하다. 순록을 통해 사미인은 고기, 가죽과 기타 부산물을 얻을 수 있었다. 순록의 젖 역시 중요한 영양 공급원이었다. 사미인은 여름에 암컷 순록을 모아 젖을 짠다. 순록은 운송 수단으로도 역시 이용이 가능하다. 순록이 주요 운송 수단이었던 과거에는 단순히 고기나 젖을 얻기 위한 사육에 그치지 않고, 사람의 말을 알아듣고 따르는 수준까지 순록을 길들여야 했다. 원래 사미인에게 순록을 길들인다는 말은, 운송 수단으로 사용한다는 뜻이기도 했다.

원래 요크모크 겨울시장은 1월 25일경에 시작해 2~3주 동안 열렸다. 그러나 오래 열리는 시장의 필요성이 줄어들면서 2월 첫 주에 열리는 것으로 개장 기간이 변경되었다. 사미인과 사미 문화는 수공예품

순록 썰매 경기 ⓒ Wikipedia

판매뿐만 아니라, 사미 전통 음악과 전통 의상 전시를 비롯한 각종 관련 행사를 바탕으로 겨울시장의 주요 구성 요소로서 시장의 역사와 함께해 왔다. 화려한 색상의 전통 의상을 입은 사미인의 모습은 순록과 함께 방문객들의 관심을 모으는 시장의 대표적 특색이었으며, 근래 시장의 인기 행사로 자리 잡은 순록 썰매 경기 역시 그러한 맥락에서 마련된 것이다.

요크모크의 사미 문화교육센터는 매년 사미 수공예문화 관련 전시와 수공예품 판매로 많은 방문객들을 끌어들인다. 겨울시장 방문객의 ⅓이 사미 수공예문화를 체험하기 위해 센터를 방문한다. 시장 거래에서도 수공예품, 전통 음식과 가죽 제품을 비롯한 사미 문화 관련 상품들이 여전히 거래의 상당 부분을 차지하고 있다. 현재 요크모크 겨울시장은 일반 상인들과 지역 수공예품, 그리고 사미 문화 특산품을 판매하는 상인들이 참여한다. 참여 상인들의 수는 200여 명, 가판의 수는 450~500여 개에 이른다. 2005년에는 400주년을 맞으면서, 76,000명 이상이 방문하는 기록을 세웠다.

전환점이 된 350주년 기념행사 20세기 들어 이 지역의 교역 형태는 급격한 변화를 거쳤다. 우편 주문과 상점들이 등장하고 철도망과 도로망이 생겨나면서 전통시장들이 많이 사라졌다. 요크모크 겨울시장은 살아남았으나 지역 인구가 증가하면서 시내와 교외의 소매상점들과 경쟁을 해야 했다. 1904년에는 요크모크 상인들이 겨울시장의 폐쇄를 요구해 존립 자체가 위협을 받기도 했으나 상인들의 요구는 묵살되었다.

20세기 전반까지는 여전히 순록을 비롯한 여러 동물 가죽 교역이 지배적이었다. 사미인들이 순록 썰매에 가죽, 물고기와 새고기를 잔뜩 싣고 와 상인들에게 팔았다. 정착민들은 뇌조, 들꿩 같은 새고기, 그리고 얼린 생선을 팔러 오기도 했다. 시장에서는 나사(羅紗) 직물, 사미인들의 전통 천막에 쓸 천, 밀가루, 막대설탕, 사탕, 커피, 담배, 털실 등이 거래되었다.

시장은 20세기 전반에는 금요일과 토요일에 열렸다. 일요일에는 목사 주재로 세례식과 장례식, 결혼식과 예배 등이 거행되었다. 또한 시장은 옛 친구와 새 친구를 만나는 좋은 기회이기도 했다. 1950년대까지도 시장의 오랜 전통이 많이 남아 있었다. 동물 가죽 거래는 다양한 품질의 가죽들이 산더미처럼 쌓인 요크모크 시내 호텔에서 이루어졌고, 가죽의 악취는 상인들이 거래를 하며 마시던 화주 냄새와 뒤섞이고는 했다. 물건 값에서 결혼 계획에 이르기까지 말 그대로 만사가 논해지던 카페에서 적지 않은 거래가 진행되었다.

20세기 중반에 접어들면서 요크모크 기초지자체는 시장의 전통 유지가 지역 여행산업의 발달에 미치는 중요성을 깨닫기 시작했다. 기초지자체 관광청이 시장 운영의 책임을 맡으면서 놀이기구와 기타 여흥시설을 준비했으며, 시장이 열리는 목요일과 금요일 동안의 행사들을 관장했다. 관광청의 제안으로 1955년에 개장 350주년 기념행사를 치르기로 하여 행사를 총괄할 특별 위원회가 설립되었으며, 시장의 상징을 만들기로 결정했는데 이때 제작된 로고가 오늘날에도 사용된다.

이 상징은 오른손에 길쭉한 천을 들고 순록 앞에 서 있는 사미 전통 의상 차림의 여성이다. 여성의 뒤에는 순록 한 마리가 고개를 들고 서 있다. 이 상징은 철상(鐵像)으로 만들어졌으며, 지금은 요크모크에 있는 스웨덴 사미 박물관에 전시되어 있다. 포스터와 배지 같은 홍보물 역시 이때 처음으로 제작되었다.

1955년의 겨울시장에는 100명 이상의 상인들이 모였고, 방문객이 10,000명에 달했다. 지역 상인들이 상점 앞에서 19세기 말과 20세기 초엽의 전통 의상을 입고 손님들을 맞았다. 시장은 예년보다 하루 더 열려서 목, 금, 토 사흘 동안 계속되었다. 이때 『요크모크 겨울시장 1605~1955』라는 350주년 기념 책자가 나왔고, 다큐멘터리 영화 역시 시장이 열리는 기간 동안 완성되었다.

개장 350주년 기념행사는 요크모크 겨울시장이 전통적인 교역의 장에서 다양한 지역 문화축제의 장으로 도약하는 전환점이었으며 그 후 시장은 해가 갈수록 성장했다. 판매 상품의 질을 높이려는 시도의 일환으로 시장 운영 준칙이 작성되었고 전시회와 세미나를 포함한 문화행사 프로그램이 만들어졌다. 시내를 행진하는 전통적인 순록 무리 역시 처음으로 문화행사 프로그램에 들어갔다. 눈과 얼음으로 만든 조각 등, 겨울시장의 축제적 성격을 돋보이게 하는 방안들이 하나둘씩 실현되었다. 1961년에는 시장의 상징이 눈으로 조각되어 시내에 전시되었다.

1955년의 기념행사 이래, 요크모크 겨울시장은 스칸디나비아 북극권 지역에서 가장 큰 겨울축제이자 여행 명소로 성장하여, 예술과 문화가 상업만큼이나 중요한 특성으로 자리 잡았다. 시장 전체 프로그램 목록인 전단지가 1962년부터 만들어졌으며, 1970년대에는 기초지자체가 시장판매권의 통제를 맡았다. 이러한 방식으로 기초지자체는 시장에서 판매되는 상품의 품질을 일정 수준으로 유지할 수 있었다. 1990년대에는 시장 방문객 수가 25,000명에 이르러, 기존 숙박시설뿐만 아니라 지역 주민들이 마련하는 임시 민박 역시 세계 각처에서 온 방문객들의 숙박을 책임지게 되었다. 겨울시장은 지역과 국제 언론 매체의 주목을 받았다.

2005년에 400주년을 맞은 시장의 야경 ⓒ Wikipedia

2005년에는 요크모크 겨울시장 개장 400주년 기념행사가 있었다. 이때 전통적인 3일 개장이 6일 개장으로 늘어나면서 그 기간 동안의 방문객 수가 80,000명에 달했다. 호수에 세워진 대형 얼음 무대에서 스웨덴 국왕과 왕비가 400주년 기념행사의 개최를 선언하는 등 도시 전체가 축제 분위기에 휩싸였고 눈과 얼음 조각들이 도시를 장식했다.

물자 교역의 장에서 문화축제의 공간으로

요크모크 시장은 2월에 열리기 때문에 시장이 열리는 사흘 동안의 평균 기온이 영하 25도 이하일 때가 잦다. 혹한의 악조건에도 불구하고, 이 시장은 400년 넘게 지

2005년의 400주년 기념행사 ⓒ Wikipedia

역 물자 교역의 전통적인 역할을 수행하면서, 오늘날에는 스웨덴 북부와 사미 문화를 대표하는 세계적인 여행 명소가 되었다. 매년 40,000명 이상이 스웨덴 안팎에서 시장을 방문해 지역의 문화적 특색을 체험하고 있다. 한때 사미인을 비롯한 지역 주민들의 회의장이자 교역 장소였던 겨울시장은 이제 북부 유럽에서 가장 큰 규모의 겨울축제가 되었다.

겨울시장 기간을 새해맞이보다 더욱 중요한 명절로 여기는 요크모크 주민들은 자발적으로 시장 관련 활동을 계획하며, 타지에 사는 요크모크 출신 스웨덴 사람들도 이 기간에 맞춰 고향을 찾곤 한다. 물론 요크모크에 연고가 없는 사람들도 스웨덴과 북유럽을 비롯한 전 세계 각지로부터 축제를 즐기기 위해서나 취재 또는 거래를 목적으로 이곳을 방문한다. 시장은 이제 여러 문화의 교류의 장이며, 시장이 열리는 동안 북극권 라플란드의 자그마한 촌락은 24시간 깨어 있는 축제의 장으로 탈바꿈한다. 이 기간이 끝나면, 라플란드의 겨울도 조금은 포근해져 본격적인 야외 여가 활동의 시기가 된다.

사미 문화는 시장이 열리는 동안 볼 수 있는 다양한 문화행사의 핵심이다. 사미 문화교육센터는 직접 만든 수공예품을 전시하고 판매하는 수공예가들로 문전성시를 이루며, 교육센터 학생들 역시 전시회를 열기도 한다. 스웨덴 사미 박물관은 강연, 영화 상영, 어린이 참여행사, 음악과 갖가지 예술 전시들로 이루어진 행사 프로그램을 선보인다. 특히 사미 전통 음악을 비롯한 다양한 세계 도처의 민속 음악 관련 행사는 겨울시장 문화행사의 중요한 부분이다.

다양한 행사가 진행되는 동안 장터에서는 모피, 가죽 제품, 사탕, 수공예품, 털양말, 낚시 장비, 순록 소시지 등 염가에서 고가에 이르는 특산품들이 쉴 새 없이 팔린다. 요크모크 겨울시장은 사미 수공예품의 전시장이자 판매장 역할도 하기 때문이다. 자작나무와 강철, 순록 가죽과 뿔이 어우러진 갖가지 수공예품들은 자체 정품인증 제도에 따라 판매되는데, 사냥용 칼, 설상화에서 장신구에 이르는 다양한 수공예품이 방문객들에게 깊은 인상을 준다.

시장 거리 가판에서는 순록 고기를 팔며, 사미 전통 천막에 꾸려진 간이식당에서는 순록 고기로 끓인 스튜가 방문객들을 끌어모은다. 훈제 순록 넓적다리와 허브, 야생 버섯과 데친 생선을 곁들인 순록 심장 육회는 시장의 별미이기도 하다.

요크모크 겨울시장은 스칸디나비아 선주민인 사미인들에게는 자신들의 뿌리를 계속 이어 나갈 수 있도록 자긍심을 주며, 전통산업의 활성화를 뒷받침하는 역사의 공간이다. 또한 특산품 교역을 바탕으로 지역 주민들과 타지인들뿐만 아니라, 사미인을 비롯한 여러 집단들 사이의 교류가 가능해지는 자리이다. 문화적으로는 사미 문화와 기독교 문화의 연계에 토대를 둔 스웨덴 북부 지역의 토착문화가 스웨덴과 세계 각지에서 온 방문객들에게 전파되면서, 그러한 문화를 계승할 필요성과 가치를 실감하게 해 준다. 지난 40여 년 동안 시장의 지역 문화의 관광 상품화가 가속화되면서, 관광 관련 행사, 전시회, 가이드 투어, 강연과 세미나 등이 활발하게 진행되었다. 그리고 이러한 관광 상품화의 바탕에는 자연스럽게 사미 문화가 자리를 잡고 있다.

겨울시장은 사미 공동체의 대외 이미지를 유지하는 역할을 계속해서 맡을 것이며, 사미 문화는 겨울시장의 주요 기반으로 남을 것이다. 겨울시장은 단순한 상업 공간을 넘어서, 사미 문화를 주축으로 하는 스웨덴 북부 지역의 전통 생활 방식과 문화를 보존하는 동시에, 그로부터 생겨나는 문화콘텐츠의 제작과 소비를 활성화하는 공간이라 할 수 있다. 따라서 겨울시장은 지역 고유의 생활이 바깥의 변화에 단절되지 않고 활발하게 이어질 수 있게 받쳐 주는 토대임이 분명하다.

시장,
규모로 말한다

도교의 부엌

일본 도쿄 쓰키지 시장

조정민

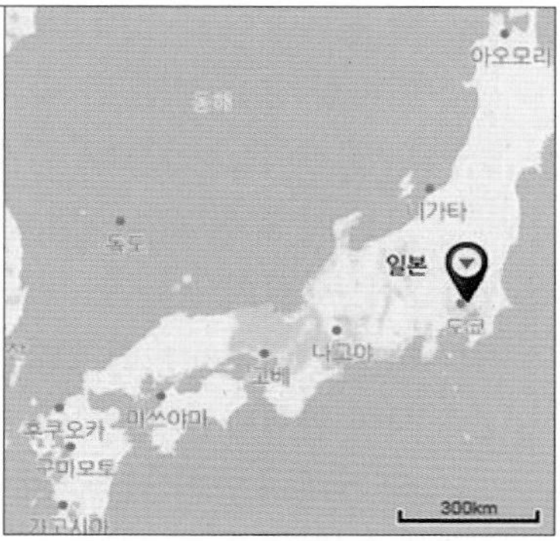

밤이 낮처럼 움직이는 곳

위치	일본 도쿄 도 주오 구
형성 시기	에도 시대. 도쿄 니혼바시 근처에서 어시장으로 형성. 관동대지진으로 파괴된 후, 1935년에 지금의 쓰키지 지역으로 옮겨 재건
상품 종류	수산물, 청과, 각종 가공식품류 등
거래 단계	도매
개설 주기	상시

새벽 3시. 동이 트려면 한참을 더 기다려야 하는 이 시간은 오히려 심야에 가깝다. 그러나 이 시각의 쓰키지 시장은 밤이 낮처럼 움직인다. 넓이 약 23헥타르, 도쿄 돔의 일곱 배에 가까운 이 시장 안을 빼곡히 메우고 있는 것은 1,000개가 넘는 도매상들이다. 이들이 일제히 움직이며 시장 안과 밖을 조명으로 환하게 밝히면, 수산물을 가득 실은 트럭들이 모여든다. 이제부터는 5시에 시작되는 경매 준비가 분주하게, 그리고 일사천리로 진행된다.

일본 도쿄 도(東京都) 주오 구(中央区) 쓰키지(築地)에 위치한 공설 도매시장 쓰키지 시장(정식 명칭은 도쿄 도 중앙 도매시장 쓰키지 시장(東京都中央卸売市場築地市場))은 도쿄 도 내의 11개 중앙 도매시장 가운데 한 곳으로, 그 역사가 가장 오래되었다. 이 시장은 특히 참치 경매장으로 유명하다. 매일 아침이면 세계 각지에서 잡힌 사람 몸만한 참치들이 바닥에 가지런히 누워 다음 행선지를 기다린다. 그 어마어마한 양을 보면 전 세계 참치의 3분의 1이 일본에서 소비된다는 말도 실감이 날 정도다. 한시적으로 이곳의 참치 경매 현장을 견학할 수 있는 관광 상품이 개발되어 많은 인기를 모은 바 있었지만, 관광객들 때문에 참치 경매가 순조롭게 진행되지 못한다는 볼멘소리가 나오고, 또 2011년 3월 11일에 발생한 동일본대지진의 여파로 수산물 기피 현상이 일어나면서 사람들의 발길도 뜸해졌다. 하지만 수산물만큼은 하루 거래 금액이 세계 1위에 기록될 정도로 쓰키지 시장은 여전히 압도적인 규모를 유지하고 있다.

쓰키지 시장은 수산물 거래시장으로 널리 알려져 있으나 청과물, 닭고기와 계란, 가공식품류도 취급하는 일종의 종합시장이다. 최근에는 산지 직송, 직거래 등과 같이 도매시장을 경유하지 않고 생산자와 소비자가 직접 거래하는 소비 형태가 늘어나면서 쓰키지 시장의 거래량도 다소 줄어들었다. 그러나 이 시장은 일본 국내 시장의 표준 시세를 결정할 정도로 일본 국민들의 식탁과 건강에 큰 영향력을 미치고 있다. 이쯤이면 '도쿄의 부엌'이라 불리는 이유도 알 수 있을 법하다.

쓰키지, 에도와 메이지 사이의 일본을 말하다

쓰키지 시장의 역사는 약 400년 전 에도(江戶) 시대로 거슬러 올라간다. 에도 막부의 쇼군 도쿠가와 이에야스(德川家康)는 원활한 식량 공급을 위해 오사카(大阪)의 어부들을 불러 모아 이들에게 특권을 주며 생선을 헌납하게 했다. 이 어부들은 헌납하고 남은 생선들을 니혼바시(日本橋) 주변에서 팔기 시작했는데, 이를 계기로 어시장이 형성되어 오늘날의 쓰키지 시장의 모태가 되었다. 이후 오사카 어부들로부터 생선을 구입하는 돈야(問屋, 중개 매매업자), 돈야에게 생선을 구입하는 도매인, 도매인에게 생선을 구입하는 소매상, 소매상에게 생선을 사는 서민이라는 구조가 정

착했다. 당시 니혼바시는 수운이 발달하고 길도 정비되어 있어 물류의 중심지로 손색이 없었다. '하루에 천 냥(日に千両)'이라고 일컬어질 정도로 많은 돈이 움직이던 이곳은 번영했던 에도의 심벌이기도 한 것이다.

쓰키지 시장의 모태가 되는 니혼바시의 풍경 ⓒ 小澤弘·小林忠,『『熈代勝覧』の日本橋—活気にあふれた江戸の町』, 小学館, 2006, 75쪽

이렇게 에도 시대부터 도쿄의 식품 유통을 담당하고 있었던 니혼바시 어시장은 1923년 9월에 일어난 관동대지진으로 완전히 파괴되고 말았다. 그러나 같은 해 12월 해군성(海軍省) 소유지를 빌려 임시 어시장을 개설하였다가 1935년에 지금의 위치로 옮겨 재건하게 되었다. 이후 쓰키지 시장은 수산물은 물론이고 청과물과 가공식품류를 취급하는 대형 시장으로 자리매김하게 되었고, 세계에서 가장 큰 수산물시장으로 기네스 월드 레코드에 기록될 정도로 어마어마한 규모와 거래량을 자랑하게 되었다.

재미있는 것은 쓰키지 시장의 건물 모양이다. 위에서 내려다보면 시장 건물은 괄호의 한쪽처럼 둥글게 배치되어 있다. 이는 열차로 수산물을 운반하던 시절의 흔적으로, 시장 건물이 철도 선로를 따라 만들어졌음을 알 수 있게 한다. 각종 식품과 물건을 열차로 한창 운송하던 시절, 이곳에는 국철 도쿄시장역(国鉄東京市場駅)이 존재하기도 했다. 그러나 운송 수단이 열차에서 트럭으로 바뀌면서 열차는 물론이고 역도 폐지되고 말았다. 이처럼 쓰키지 시장에는 에도 시대부터 지금에 이르기까지의 지역의 역사가 고스란히 녹아 있다.

쓰키지의 한자 표기 '축지(築地)'에서 알 수 있듯이 이곳은 매축으

로 형성된 지역으로 에도 시대에는 외국인 거류지로 지정되었던 곳이다. 도쿄는 개항장은 아니었지만 시장으로 지정되어 있었기에 1869년 이곳 쓰키지에 외국인 거류지가 마련되었다. 이때 기독교 선교사들이 들어와 교회나 미션 스쿨을 개설하기도 했으며 외국 공사관도 다수 자리하게 되었다. 쓰키지 외국인 거류지는 1899년 치외법권 철폐로 폐지되었지만, 서양이라는 생경한 타자의 유입으로 말미암아 지역의 사회문화적 환경이 크게 변화한 것은 분명한 사실이다. 여기에 '가톨릭 쓰키지 교회(カトリック築地教會)'나 '세이로카 국제병원(聖路加國際病院)'이 남아 있는 것도 우연이 아닌 것이다.

쓰키지의 아카쓰키 공원(あかつき公園) 입구에는 근세 일본에 서양의 학문과 의학을 전한 독일인 의사이자 박물학자 지볼트(Philip Franz Balthasar von Siebold)의 흉상이 있다. 이는 여기가 난학(蘭學, 에도 시대에 네덜란드를 통해 들어온 유럽의 학문, 사상, 문화, 기술을 총칭하는 말)의 발상지라는 것을 기념하기 위한 것으로 보인다. 에도 시대의 일본인 의사로 니혼바시에서 개업한 스기타 겐파쿠(杉田玄白)는 독일인 의사 쿨무스(Johann Adam Kulmus)가 1722년 쓴 네덜란드어판 서양 해부 서적을 지인들과 함께 번역하여 1774년에 『해체신서(解体新書)』라는 제목으로 출간한다. 이 책의 일본어 번역 출판은 일본의 서양 학문 수용과 근대화 과정을 설명하는 좋은 예라 할 수 있는데, 바로 쓰키지에서 난학이 출발했다는 점을 강조, 기념하기 위해 지볼트 흉상이 세워진 것이다. 난학 외에도 쓰키지는 교육이나 활자와 같은 근대적 문화가 시발, 전파되었던 장소이기도 했다. 곳곳에 보이는 기념비나 표지판, 예컨대 여학원 발상지(女學院發祥の地), 활자 발상지(活字發祥の地), 전신 창업지(電信創業の地) 등은 쓰키지가 서양의 문화와 문물을 선진적으로 받아들인 일본 근대화의 최전선임을 강조하고 있다. 이처럼 쓰키지는 에도에서 메이지로 이행하는 시기의 일본을 상징적으로 보여 주는 장소인 것이다.

쓰키지 시장 근처에는 쓰키지혼간지(築地本願寺)라는 절이 있다.

석조 건물에다 인도 양식의 외관을 하고 있어, 이를 보고 첫눈에 절이라고 인식하는 사람은 많지 않을 것이다. 이 절은 니시혼간지(西本願寺)의 별원으로 1617년 아사쿠사(淺草) 근처에 건립되었으나 1657년의 대화재로 소실된 바 있다. 이후 다시 세워졌지만 1923년 관동대지진으로 또다시 붕괴되어 1934년에 지금의 모습으로 재건되었다. 외관의 전반적인 분위기는 고대 인도 양식을 바탕으로 하고 있고, 힌두교, 이슬람교 등의 건축 양식 흔적도 여기저기에 보인다. 내부에는 여느 일본의 사찰처럼 제단 위에 불상이 안치되어 있고, 특이하게도 파이프 오르간이 설치되어 있다. 이처럼 다양한 종교를 한데 모아 놓은 듯한 쓰키지혼간지의 모습은 바다를 매개로 이루어졌던 교류 경험에 사람들의 상상력이 더해진 결과처럼 보이기도 한다.

비키니 섬, 쓰키지, 참치 무덤

'비키니'라는 단어를 들으면 여름, 바닷가, 해수욕 등을 연쇄적으로 떠올리기 십상이지만, 다음의 설명을 듣고 나면 비키니는 더 이상 여름의 전유물이 아니라 원폭, 쓰키지, 참치 무덤으로 연결되는 죽음의 출발점이라는 것을 알 수 있을 것이다.

우리가 잘 아는 비키니 수영복의 이름은 서태평양 마샬 제도 북부에 속한 비키니 섬의 이름에서 따온 말이다. 제2차 세계대전이 끝난 이듬해인 1946년 7월부터 미국은 이 섬에서 핵무기의 위력을 검증하는 실험을 대대적으로 전개한다. 이는 당시 비키니 섬이 미국의 신탁 통치령에 속해 있었기에 가능한 일이었다. 이후 비키니 섬은 1958년까지 미국의 원자폭탄과 수소폭탄의 실험장이 되었고, 여기에서 총 67회에 달하는 실험이 이루어졌다. 당연한 이야기이지만 이들 실험은 다량의 방사성 물질 방출을 동반하는 것으로, 방사성 물질은 섬 주변뿐만 아니라 원양어선에서 조업하던 선원들이나 수산물에도 커다란 영향을 미쳤다.

일본의 경우, 1954년 3월 1일 마샬 제도 근해에서 조업 중이던 제5후쿠류마루(第五福龍丸)가 피폭하는 사건이 있었다. 당시 제5후쿠류마루는 미국이 설정한 위험 수역 밖에서 조업하고 있었지만 수소폭탄 실험의 위험성을 알아차리고 바다에서 탈출을 시도하고자 했다. 그러나 시간이 지체되는 바람에 몇 시간 동안 방사성 낙하물질에 노출되어 선원 23명 전원이 모두 피폭하고 말았다. 당시 해상에는 제5후쿠류마루 이외에도 많은 어선들이 조업하고 있어 피폭한 어선은 수백 척에 이르며 피해자 역시 2만 명이 넘는다고 알려지고 있다. 제5후쿠류마루의 무선기장이었던 구보야마 아이키지(久保山愛吉, 당시 40세) 씨는 피폭 뒤 6개월이 지난 시점에서 "나를 마지막으로 원자수소폭탄의 희생자가 없기를 바란다"라는 유언을 남기고 숨을 거두었다. 이 사건을 계기로 일본에서는 반핵 운동이 일어났고, 제5후쿠류마루를 기리는 비키니의 날(3월 1일)이 만들어지기도 했다.

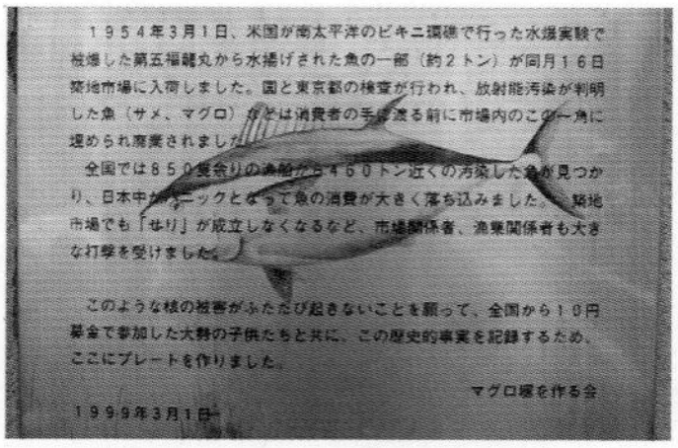

제5후쿠류마루의 원폭 참치 동판
ⓒ Lover of Romance, wikipedia

한편, 수소폭탄 실험 이후 약 보름이 지난 1954년 3월 15일 쓰키지 시장에는 제5후쿠류마루가 어획한 참치와 청새리상어가 대량으로 들어왔다. 신문 보도 등으로 제5후쿠류마루의 피폭 소식을 이미 접하고 있던 상인들은 혼란스러울 수밖에 없었다. 결국 경매는 중단되었고 피폭 수산물을 모두 바다에 버리거나 시장 내의 땅에 묻는 일이 벌어지게 되었다. 이른바 '원폭 참치 무덤(原爆マグロの塚)'이 생기고 만 것이다. 지금은 무덤 대신 동판이 제5후쿠류마루의 피폭의 아픔을 전하고 있다.

제5후쿠류마루 피폭 사건 후로부터 약 60년이 지난 시점에서 쓰키지 시장은 또다시 방사능에 노출된 수산물 때문에 커다란 타격을 입었다. 2011년 3월 후쿠시마 제1원전 사고로 방사능 오염수가 바다로 유출되는 사태가 발생하자 수산물 기피 현상과 괴담, 풍문이 퍼지면서 쓰키지 시장은 말 그대로 '개점휴업' 상태에 처하고 만 것이다. 실제로 방사성 물질 가운데 하나인 세슘이 대량 인근 바다로 흘러 들어갔고, 넙치나 가자미, 농어 등과 같이 해저에 살며 이동 범위가 좁은 어류는 고스란히 그 영향을 받을 수밖에 없었다. 소비자의 불안과 불신이 증폭되고 수산물을 외면하는 것은 당연한 일인지도 모른다. 아무튼 쓰키지 시장은 패전 이후 두 번이나 핵 문제를 직간접적으로 경험하고 말았다.

지역 브랜드로서의 쓰키지 시장 쓰키지 시장은 일본인이나 외국인들에게 인기 있는 관광지이기도 하다. 시장이 도심에 위치하고 있고 또 전철이 바로 연결되어 있어 비교적 쉽게 찾을 수 있기 때문이다. 도쿄의 대표적인 번화가 긴자(銀座)와 인접한 것도 관광객이 많이 모이는 요인일 것이다. 그러나 무엇보다 방문객의 발길을 사로잡는 것은 시장에 배어 있는 독특한 분위기와 냄새다. 차곡차곡 쌓여 있는 새하얀 스티로폼 박스, 산지와 값을 명찰처럼 붙이고 있는 갓 잡은 생선과 어패류, 수산물 실어 나르는 소형차 등. 생선이 식탁 위에 오르기 전의 모습을 여실히 볼 수 있는 곳이 바로 쓰키지 시장인 것이다.

특集 築地市場
KIRIN
築地の若旦那たちに、受け継がれる技。
築技 × 一番搾り

쓰키지 시장을 특집으로 다룬 신문 보도 (출처: 『日刊スポーツ』, 2016. 11. 18.)

실제로 쓰키지 시장은 도매를 전문으로 하는 장내(場內)시장과 소매를 전문으로 하는 장외(場外)시장으로 나뉜다. 장내시장에서는 각종 수산물과 청과물의 경매가 이루어지고 장외시장에서는 보통의 시장처럼 일반인을 대상으로 장이 열린다. 장내시장은 아침 시간이 지나면 대부분 문을 닫기 때문에 그 풍경을 감상하고 싶다면 이른 새벽에 들러야 한다. 쓰키지 시장의 공식 가이드 투어를 이용하는 것도 시

쓰키지 시장의 명물 계란말이 상점
ⓒ 조정민

초밥과 생선덮밥을 파는 쓰키지 시장 골목. 아침에는 줄을 서서 기다려야 한다. ⓒ 조정민

장을 즐기는 한 방법일 것이다. 아침에 일찍 일어나는 것이 부담스럽다면 장외시장을 방문해도 좋다. 신선한 생선으로 만든 초밥과 생선덮밥, 방금 만든 계란말이와 어묵이 또 다른 즐거움을 선사하기 때문이다. 이곳에서 아침 식사를 하기 위해 식당 앞에 줄지어 늘어선 사람들의 모습도 구경거리 중 하나다.

이같이 쓰키지 시장은 사람과 상품, 공간이 유기적으로 움직이며 새로운 문화를 창출하는 장소로 기능하고 있다. 때문에 그것은 그 어떤 장소와도 동일시되거나 비교될 수 없는 독창적인 의미와 가치를 가진다. 이미 상당히 노후화가 진행된 쓰키지 시장은 2016년 11월에 도요스(豊洲)로 이전할 예정이었지만 그해 여름에 취임한 고이케 유리코(小池百合子) 도지사가 이전 예정지의 안전성에 대해 문제를 제기하면서 이전이 연기되었다. 실제로 이전 예정지의 안정성을 검증한 결과 조사 지점 72곳 중 35곳에서 벤젠이 기준치보다 최대 79배 초과 검출되었다. 때문에 쓰키지 시장의 이전은 조금 더 두고 보아야 될 것 같다. 이전하는 그날까지 쓰키지 시장은 도쿄에서 가장 먼저 새벽을 깨우며 하루를 시작할 것이다.

아시아 최대의 향신료 도매시장

인도 뉴델리 카리 바올리 시장

신민하

인도 음식과 향신료

각종 향신료로 만든 반찬을 제공하는 탈리 ⓒ 신민하

위치	인도 수도 뉴델리 중심부에 위치한 짠드니 쪼끄 시장의 서쪽 끝에 위치
형성 시기	17세기 중반에 형성되기 시작하여 오늘에 이르고 있음
상품 종류	인도산에서 외국 수입산에 이르는 각종 향신료를 비롯해 곡물, 말린 과일, 견과류, 차, 소금, 설탕 등
유형	각종 향신료 도·소매상점과 함께 다양한 생필품 및 식료품 소매상점도 함께 들어서 있다.
개설 주기	월~토요일 오전 10시부터 오후 7시까지

세계 7위의 국토 면적(남한의 33배)을 가지고 있는 인도에는 인종, 종교, 기후, 계층에 따라 다양한 요리가 있다. 그러한 다양성에도 불구하고 거의 모든 인도 요리를 관통하는 한 가지 공통점이 있다면 향신료를 빼놓고 이야기할 수 없다는 점이다. 인도는 다양한 향신료의 원산지로 고대 그리스-로마 시대부터 오랜 향신료 무역의 역사를 가지고 있다. 오늘날에도 인도는 국제표준기구(ISO, International Organization for Standard)에 등록된 109종의 향신료 중 75종을 생산 및 수출하고 있으며, 정부 산하의 인도 향신료국(Spice Board of India)은 인도산 향신료의 품질 관리, 수출입, 국제 박람회 및 식품 전시회 참가 등을 체계적으로 관리하고 있다.

인도 음식에 사용되는 각종 향신료는 주로 식물의 열매나 씨앗을 뜨거운 불에 볶아 향을 극대화하고 직접 빻아서 사용한다. 이렇게 가공한 여러 가지 향신료를 섞어 만든 종합 향신료를 '마쌀라(masala)'라고 부른다. 우리나라의 된장이나 고추장 같은 역할을 하는 마쌀라는 기본적으로 고추, 강황, 계피 등으로 구성되며 이 외에 정향, 육두구, 월계수 잎, 회향풀 등 보통 5가지에서 10가지의 서로 다른 향신료가 첨가된다. 전문적인 요리사들의 경우 20가지 이상의 향신료를 혼합해 자신만의 마쌀라를 만들어 내기도 한다. 이렇듯 각 가정이나 식당마다 마쌀라에 사용되는 향신료의 종류, 채취 시기, 가공 방법, 혼합 비율이 다르기 때문에 같은 종류의 마쌀라가 들어가는 음식이라 해도 수백 수천 가지의 맛이 존재하게 된다.

우리가 흔히 '커리(curry)'라고 부르는 음식은 16~17세기 향신료를 찾아 인도 남서부 해안에 진출한 네덜란드와 포르투갈 사람들이, 인도 남부 지방에서 마쌀라를 지칭할 때 사용하는 '까리 뽀디(kari podi)', 혹은 요거트와 병아리콩을 기본으로 진하게 끓여 만든 국물 요리 '까르히(karhi)'를 커리라고 기록한 데서 유래됐다. 이후 인도를 지배한 영국인들이 자신들의 입맛에 맞게 노란색 심황 가루, 후추, 생강, 고추 등과 같은 기본 향신료와 양파, 토마토 등을 채소와 고기에 넣고 끓인 거의 모든 국물 요리를 커리라고 부르게 되었다. 18세기 영국의 크로스 앤드 블랙웰(Cross & Balckwell)사가 대중적 입맛에 맞게 각종 향신료를 조합한 '커리 파우더(curry powder)'를 상품화하면서 오늘날 우리에게 익숙한 맛이 본격적으로 확산되기 시작했고, 남아프리카공화국, 싱가포르 등 영국 식민지 국가에 계약노동자로 건너간 수많은 인도계 이민자들에 의해서 인도 향신료와 음식은 더욱 널리 퍼지게 된다.

인도에서 향신료는 단순히 맛과 향, 음식의 색깔을 위한 첨가물이 아니다. 열대 기후에서 음식이 쉽게 상하는 것을 막아 주고, 우리의 한약재와 같이 약용 혹은 건강식품으로 활용되기도 한다. 때문에 인도에서 향신료는 음식뿐 아니라 대부분의 스낵, 음료에 첨가된다. 가령 생강을 넣고 끓인 물에 홍차, 우유, 설탕을 넣고 끓인 인도식 밀크티인 '짜이(chai)'에 계피, 후추 같은 향신료가 첨가될 경우 '스페셜 짜이'로 불리면서 두 배나 비싼 가격으로 팔린다. 많은 가정에서는 밥을 지을 때도 몇 가지 향신료를 넣는데, 항생제 성분이 있는 정향, 소화 기능을 촉진하는 생강 등이 주로 사용된다.

땅콩과 콩에 마쌀라를 버무린 길거리 간식 ⓒ 신민하

인도 향신료 무역의 역사

인도에서는 기원전 3,000년경부터 후추와 정향 등 다양한 향신료가 사용되었고 유럽으로 수출되었다. 고대 그리스와 로마의 역사서에는 유럽의 수많은 상인들이 인도와의 향신료 교역을 통해 엄청난 부를 축적한 기록이 전해진다. 기원전 332년에는 마케도니아의 알렉산더 대왕이 인더스 강 유역까지 진출하여 북인도 일부 지역을 점령하면서 인도산 향신료의 지중해 지역으로의 유입이 원활해진다. 하지만 이후 아랍 상인, 이탈리아의 베네치아와 제노바의 중개 무역 상인들이 지중해 무역을 독점하면서 향신료의 가격이 점차 상승하기 시작한다. 그들이 원가보다 수십 배나 많은 중개 수수료를 챙겼기 때문이다. 이어

1453년 오스만투르크 제국이 비잔틴 제국을 무너뜨리고 동부 지중해와 중동 지역 전체를 장악하면서 유럽 전 지역에서 향신료 가격은 천정부지로 치솟는다. 오스만 제국이 인도에서 유럽으로 통하는 육상 무역로를 봉쇄해 막대한 통행세를 징수했고, 더 나아가 이집트를 통과하는 해상 무역로까지 위협했기 때문이다. 결과적으로 유럽인들은 안정된 가격으로 향신료를 확보해야 하는 중대한 과제에 직면하게 되었다.

당시 유럽인들이 인도를 비롯한 동방에서 수입되는 향신료를 간절히 원했던 이유는 다양했다. 먼저, 후추를 비롯한 동방의 향신료는 당시 소금으로만 맛을 내던 육류와 생선 요리에 일대 '맛의 혁명'을 불러왔다. 또한 맥주와 포도주 등에 들어가는 중요한 첨가물이기도 했다. 둘째, 후추와 정향 등의 향신료는 방부 및 살균 효과를 지니고 있어 저장된 고기와 생선의 부패를 막고 잡내를 제거하는 효과가 있었다. 셋째, 당시 유럽에서 향신료는 중요한 의약품으로 여겨졌다. 예를 들어 육두구는 배멀미, 호흡곤란, 불면증에 효력이 있고, 정향은 구토 증세, 치통 억제에 효과가 탁월하다고 여겨졌다. 또 후추는 발기부전을 치유하고 성감을 높이는 정력제로 여겨졌다. 넷째, 향신료는 액을 쫓는 부적으로도 사용되었다. 16~17세기 전반에 걸쳐 유럽의 상류층이 들고 다니던 은제 상자인 포맨더(Pomander)는 각종 향신료를 채워 향기를 즐기는 기능뿐 아니라 액을 쫓거나 흑사병과 콜레라와 같은 역병을 예방하는 의미도 지니고 있었다. 당시 사람들은 악취가 나는 탁한 공기 속에는 악마와 병균이 숨어 있다고 믿었기 때문에 좋은 향기를 뿜어내는 포맨더는 중요한 장신구 중에 하나였다. 마지막으로, 향신료가 워낙에 고가의 상품이었기 때문에 유럽의 귀족과 부유층 사이에서 사회적 차별화의 수단으로 사용되기도 했다. 즉, 그들은 사용하는 향신료의 양을 통해 자신의 부와 지위를 과시하고 더 나아가 기득권을 유지했다.

이렇듯 다양한 가치를 지닌 인도를 비롯한 동방의 향신료는 유럽인들 사이에서 은과 같은 가치로 치부되어 화폐처럼 쓰이기도 했고,

더 나아가 세금이나 벌금, 국제통화, 뇌물 수단, 결혼 지참금으로 사용될 정도로 희소성이 있는 상품이었다. 고대 유럽에서는 인도산 후추 한 줌의 가격이 노예 한두 명의 가치와 같았고, 중세 말 유럽에서는 "후추 알이 바람에 날리지 않도록 창문을 닫고 한 알씩 한 알씩 핀셋으로 셌다"라는 말이 나돌 정도였다.

아랍과 이탈리아 상인들에 의한 향신료 무역 독점이 지속되자 유럽인들 사이에서는 기존의 교역로를 포기하고 새로운 향신료 루트를 개척하려는 열망이 더욱 거세진다. 마침내 1498년 5월 28일 포르투갈 출신의 바스코 다 가마(Vasco Da Gama)가 인도 남서부 말라바르 해안에 위치한 항구도시 캘리컷(Calicut)에 상륙함으로써 유럽인들이 이슬람 상인들과의 접촉 없이 동방과 직접 교역할 수 있는 발판이 마련된다. 이어 네덜란드, 프랑스, 영국 등이 앞다투어 인도로 향하게 되는데, 초기에는 향신료를 선점하기 위한 경쟁이었지만 이후에는 무역의 주도권을 확보하기 위한 전쟁으로 치닫는다. 흔히 '대항해 시대'로 불리는 이 시기는 세계사적 관점에서 보면 중세에서 근대로 넘어가는 커다란 사건이었으며, 유럽이 아시아, 아프리카, 아메리카의 식민지화에 광분하는 시대로 돌입하는 분수령이었다. 유럽인들이 후추를 부를 때 사용하는 '페퍼(pepper)'라는 단어의 어원이 인도, 자바 섬, 말레이 반도 등 남아시아와 동남아시아에서 생산되는 후추를 부르는 인도 고대 산스크리트어 '삡빨리(pippali)'에서 유래했다는 사실은 대항해 시대의 시작이 향신료 때문이었다는 점을 분명히 해 준다.

카리 바올리 향신료시장

인도의 수도 델리에 사는 사람들은 이 도시의 매력이 그 누구도 속속들이 알 수 없다는 데 있다고 입을 모은다. 수 세기 동안 끊임없는 외부 세력의 침략과 그에 따른 다양한 문화, 인종, 종교가 어우러져 발전하면서 델리에 거주하는 사람들조차 그 존재를 모르는 미스터리한

카리 바올리 시장의 향신료 상점 모습 ⓒ 정대한

지역들이 많이 생겨났기 때문이다. 델리의 유명한 전통시장인 짠드니 쪼끄(Chandni Chawk) 서쪽 끝에 위치한 파떼뿌리 마쓰지드(Fahtepuri Masjid) 건너편에 위치한 카리 바올리(Khari Baoli) 시장도 그러한 곳 중 하나이다. 델리에 오랫동안 거주한 사람들조차 이곳이 북부 인도에서 가장 중요한 상업 요충지임과 동시에 델리에서 가장 오래된 시장이라는 사실을 모르는 경우가 많다. 또한 이곳은 전 세계에서 생산된 각종 향신료가 거래되는 아시아 최대 규모의 향신료 도매시장이기도 하다. 설립 당시 향신료가 주 거래 물품이었지만 오늘날에는 곡물, 말린 과일, 설탕, 소금, 피클, 견과류, 차 등 인도산에서 외국 수입산에 이르기까지 갖은 향신료와 식재료들이 거래되고 있다.

카리 바올리 시장의 기원은 미국이 건국되기도 전인 17세기 중엽으로 거슬러 올라간다. 오늘날 카리 바올리 시장이 위치한 지역에는 당시 '소금기가 있는(카리)' 물이 나오는 '계단식 우물(바올리)'이 있었고, 일반인들이 목욕을 하거나 가축들에게 염수를 공급하는 곳으로 활용되었다. 이후 계단식 우물이 있던 자리 위에 향신료 상점들이 하나둘씩 들어서면서 시장의 모습이 갖춰지기 시작했다. 당시 델리를 수도로 삼고 있던 무굴 제국의 주방장들은 황제 샤 자한(Shah Jahan, 1592~1666)의 식탁 위에 올라가는 음식에 사용되는 각종 향신료들을 이곳에서 사 갔다고 전해진다. 오래된 역사의 흔적은 몇몇 상점들의 상호에서 드러나는데, 시장 설립 당시 사용했던 '쌀집 13호', '21번 가게' 등의 고유 번호를 상호로 사용하는 상점들이 지금도 여럿 남아 있다. 이러한 가게들은 9~10대째 영업을 이어 오고 있는 경우가 대부분이다.

카리 바올리 시장에서 가장 눈에 띄는 특징을 꼽으라면 단연 중세 이래 이어져 내려오는 전통적인 상거래 방식이다. 차량은 아예 진입할 엄두도 내지 못하는 미로와 같은 좁은 골목을 따라 형성된 이곳에서 가장 중요한 운송 수단은 사람이다. 깡마른 체구의 인부들은 시장 외부에 세워진 대형 트럭으로부터 100킬로그램에 달하는 향신료 자루를 내리고 다시 싣고, 상점에서 상점으로 짐을 나르는 일을 쉴 새 없이 반복한다. 인부들의 움직임은 마치 향신료가 가득 담긴 커다란 황마 자루와 레슬링을 하는 것 같다. 인부들 대다수는 특정 상점에 고용되지 않은 사람들로, 이들은 각 상점의 향신료 보관 창고 앞에서 숙식을 해결하는데 일감을 얻을 확률이 조금이라도 높기 때문이다.

한 평이 조금 넘는 면적의 상점들에는 두어 개의 플라스틱 의자, 작은 계산기, 전화기 등이 거래와 관련된 도구의 전부이다. 장부나 거래 관련 문서가 아예 없는 가게들도 태반이다. 상점들의 전화벨은 끊임없이 울리고 주인들은 구매자들의 주문에 따라 그때그때 향신료를 배합하느라 분주하다. 길가에는 잠시 휴식을 취하는 인부들이 짜이를 마시며 잡담을 나누거나 간단한 스낵으로 허기를 달랜다. 외관상으로 볼 때 무척이나 번잡하고 무질서해 보이지만 이 좁은 상점들에서 이루어지는 하루 평균 거래액이 2014년 기준으로 1끄로르(crore, 한화 약 1억 7천만 원)에 달한다는 사실을 떠올리면, 실제로는 조직화된 운영 방식과 엄격한 질서에 따라 상거래가 이뤄지는 곳이라고 할 수 있다. 특히 인도 최대의 명절인 디왈리(Diwali) 직전의 거래량은 절정에 달하는데, 현지 언론들은 카리 바올리에서 디왈리 축제 기간 판매된 견과류와 말린 과일의 양으로 그해 국내 경기와 축제 분위기를 가늠하기도 한다.

카리 바올리 시장 한편에 위치한 길거리 식당 ⓒ 신민하

최근 들어 카리 바올리는 관광지로도 명성을 더해 가고 있다. 수세기 동안 규격화되지 않은 카리 바올리의 독특한 향기와 이야기가 미술관, 박물관, 유적지와는 또 다른 느낌의 역사적 생명력을 뿜어내기 때문이다. 아슬아슬하게 진열돼 있는 형형색색의 향신료들은 여행객들이 연신 카메라 셔터를 누르게 만든다. 상점 주인들은 여행객들이 사진을 찍는 것에 크게 개의치 않는 모습이다. 한편 카리 바올리 시장 구석구석에 위치한 길거리 식당에서 파는 음식들은 인도에서 최고로 손꼽힌다. 가장 신선한 향신료를 사용할 수 있는 최적의 위치에 자리잡고 있는 허름한 외관의 간이식당들 중에는 7대째 운영되는 곳도 있다. 이곳에서 북인도는 물론 파키스탄, 방글라데시 등 남아시아 여러 국가의 음식문화에 지대한 영향을 끼친 중세 무굴 요리의 정수를 맛볼 수 있다는 점은 카리 바올리 시장이 여행객들에게 선사하는 또 다른 특별함이다.

카리 바올리의 오늘과 내일 카리 바올리 향신료시장은 지난 수 세기 동안 각종 향신료와 식재료의 교역과 더불어 각기 다른 문화, 종교를 가진 사람들이 만나는 통로이자 교류의 장이었다. 경제 분야를 필두로 모든 분야에서 급격한 변화가 진행되는 오늘날의 인도에서 카리 바올리의 존재는 더욱 부각되고 있다. 델리 사람들은 카리 바올리에서 외국 유명 기업들의 간판을 찾아 보기 힘들다는 점을 두고 인도 소매산업이 가야 할 방향을 암시하는 '17세기의 신랄한 경고'라고 말한다. 다시 말해, 향후 인도 소매산업 분야는 외국인 직접투자에 전적으로 의존하기보다, 수 세기를 관통해 온 인도 비즈니스맨들의 날카로운 통찰력, 전통적인 비즈니스 인프라와 문화를 보존하는 가운데 발전해 가야 한다는 것이다. 실제 정부의 소매업 분야에 대한 외국인 직접투자 정책이 발표되면 가장 먼저 반응하는 곳이 카리 바올리 시장이기도 하다.

중세까지 유럽인들이 가지고 있던 거의 모든 사상과 사고, 정치, 문화, 경제, 학문, 과학이 인도산 후추를 찾기 위한 과정에서 큰 변화와 변혁을 경험했다면, 자국 향신료시장의 전통을 지키기 위한 카리 바올리 시장 사람들의 열망은 또 다른 형태의 변화와 변혁의 출발점이 될지도 모른다고 말하면 지나친 과장일까?

커피 발상지의 자부심

에티오피아 아디스 마르카토 커피시장

윤오순

아프리카의 허브, 에티오피아

위치	에티오피아 수도 아디스아바바의 마르카토 및 커피 생산지 주변 지역
형성 시기	불명
상품 종류	커피를 비롯한 농수산물 (마르카토는 공산품, 수입품도 취급)
유형	마르카토 이외는 소매가 다수
개설 주기	마르카토는 '상시', 나머지는 지역에 따라 개설 주기가 다름

세계 지도를 펴 놓고 아프리카를 찾아보면 북동쪽 근방에 뾰족한 뿔 모양을 한 나라 에티오피아가 보인다. 에리트레아, 지부티, 수단, 남수단, 케냐, 소말리아가 에티오피아의 이웃 나라들이다. 과거에는 에리트레아와 지부티, 소말리아, 예멘, 사우디아라비아 일부까지 에티오피아 영토인 시절도 있었지만 이제는 내륙국이 되어 밖에서 들여오는 물건들은 모두 이웃 나라들의 항구를 통해야 한다.

에티오피아의 정식 국명은 에티오피아 연방민주공화국(The Federal Democratic Republic of Ethiopia)으로, 대한민국의 5배 정도 되는 땅덩어리에 현재 1억 명이 살고 있다. 사계절이 있지만 눈이 오지는 않는다.

아프리카 대부분의 나라가 영국이나 프랑스 등 강대국의 오랜 식

동아프리카 최대의 오픈 마켓 마르카토 전경 ⓒ 윤오순

민지 경험이 있는 데 반해 에티오피아는 그런 경험이 없어 아프리카에서 유일하게 고유 문자를 사용하고 있다. 에티오피아의 공식 언어는 영어와 암하릭어(Amharic, 현지어로 '아마릉냐')로 간판 등에 영어와 암하릭어를 병기하고 있다.

수도 아디스아바바(Addis Ababa)는 에티오피아의 중심에 위치해 있고 평균 해발고도가 2,300~2,500m 정도의 고지대이다. 말라리아에 대한 걱정이 필요 없을 정도로 고지대이다 보니 비행기가 착륙한다는 안내가 나오자마자 바로 땅을 밟는 경험을 하게 된다.

암하릭어로 '아디스아바바'의 '아디스'는 '새로운', '아바바'는 '꽃'을 의미한다. 아디스아바바에는 약 340만 명이 거주하고 있으며 암하라족이 다수를 차지하고 있다. 다민족 국가인 에티오피아를 대표하는 3대 종족은 암하라족, 오로모족, 티그레이족이다. 암하라족 인구는 전체의 27% 정도이며, 인구 규모로 보면 두 번째를 차지하고 있지만, 국가의 중심 민족으로 에티오피아에서 사회문화적인 영향력이 크다.

아디스아바바는 아프리카의 제네바라 할 수 있는 곳으로 뉴욕, 브뤼셀, 제네바에 이어 세계에서 네 번째로 외교공관이 많다. 한국에서는 자주 접하기 힘든 나라를 비롯해 100여 개가 넘는 대사관들이 이곳에 터를 잡고 있다. AU(African Union), UNECA(UN Economic Commission for Africa) 등 주요 국제기구가 이곳에 본부를 두고 있다.

커피의 요람 에티오피아

커피 하면 세계 최대의 커피 생산국인 브라질이나 콜롬비아를 떠올리는 사람들이 많지만 커피의 발상지는 에티오피아다. 커피콩의 종류는 굉장히 다양한데 상업적으로 중요하게 분류되는 커피는 두 가지로, 아라비카 커피와 로부스타 커피다.

아라비카 커피는 주로 고산 지대에서 생산되고 냉해에 약하며, 손이 많이 가는 커피다. 그러나 같은 양의 로부스타에 비해 카페인이 적고, 향이며 맛이 우수하기 때문에 가격이 비싸다. 이에 비해 로부스타 커피는 저지대에서 생산되고, 사람 품이 많이 필요하지 않다.

로부스타 커피는 가격이 싼 덕분에 주로 인스턴트 커피에 많이 사용된다. 커피 생산국들 중에는 아라비카 커피 혹은 로부스타 커피만 생산하는 나라가 있고, 두 가지 모두를 생산하는 나라가 있다. 에티오피아는 로부스타 커피를 전혀 생산하지 않는다.

에티오피아는 위에서 언급한 두 가지의 커피 중 아라비카 커피의 고향으로, 서남부의 커피 산지 '카파(Kaffa)'는 커피가 처음 발견된 지역이다. 이런 이유로 커피(Coffee)의 어원이 카파에서 유래했다고 보기도 한다. 카파 근처의 짐마(Jimma)를 커피의 고향으로 소개하는 자료들이 많은데 카파에는 '카피노노', 혹은 '카피초'[1]를 말하는 카파인들이 살고 있고, 짐마에는 '오로믹야' 혹은 '오로미파'[2]를 쓰는 오로모 사람들이 다수를 이룬다.

1 카파인들의 언어
2 오로모인들의 언어

커피를 마시는 풍경도 두 지역이 많이 다른데 커피를 마신 역사가 오래된 카파 쪽이 훨씬 다양한 커피문화를 가지고 있다. 2010년 6월 카파는 유네스코 생물권 보전 지역으로 등재되는데, 한국의 광릉수목원도 같은 해에 등재되었다.

유네스코는 카파가 아라비카 커피의 원산지라고 공식 발표하면서, 카파 지역을 5,000종이 넘는 야생 식물종 유전자의 보고(寶庫)로 세계에 알렸다. 실제로 카파에 가면 사람의 손이 닿지 않는 곳에서 자라는 야생 커피를 볼 수 있다. 에티오피아 현지에서는 커피를 '분나'라고 하는데 카파에서는 특히 '부노'라고 부른다.

야생에서 자라는 커피 열매 ⓒ 윤오순

한국 사람들이 즐겨 마시는 커피 중에 '모카(Mocha)'라는 것이 있는데 모카커피로 유명한 곳이 에티오피아다. 그러나 에티오피아에는 '모카'라는 지명이 없다. 이는 에티오피아의 커피가 예멘의 항구도시인 모카 항을 통해 유럽 각지로 수출되면서 유럽 사람들이 항구 이름을 때 모카커피라고 부른 데서 기인한다. 커피벨트에 모카커피 생산 지역으로 에티오피아와 예멘을 동시에 표기하는 이유는 바로 이 때문이다.

커피는 적도를 기준으로 남북회귀선 25도 사이에서 주로 자라는데 이를 '커피벨트'라고 부른다. 에티오피아와 예멘, 두 지역의 커피는 모카라는 말 뒤에 '하라르', '김비' 등의 커피 산지명을 붙여 구분한다. 참고로, 예멘은 아프리카 대륙이 아니라 홍해를 사이에 두고 마주 보는 아라비아 반도에 있다.

에티오피아의 독특한 커피문화, 커피 세리머니

에티오피아 사람들은 커피의 본고장 사람들답게 커피를 마실 때 독특한 의식을 치른다. 일본 사람들이 다실을 꾸미고 다도구를 준비해 차를 마시며 이야기를 나누는 전체 의식 과정을 '다도(茶道)'라고 부르듯이 에티오피아 현지에서는 이를 '커피 세리머니(암하릭어로 '분나 마프라트')'라고 부른다.

커피 세리머니 풍경 ⓒ 윤오순

커피콩을 씻고, 볶고, 가루를 내고, '제베나'라고 하는 토기 주전자에 끓여 내는 일련의 과정이 모두 한자리에서 이루어지는데 인스턴트 커피에 익숙한 우리에게 한 시간에서 두 시간 이상 걸리는 에티오피아의 커피 세리머니는 지루할지도 모르겠다. 에티오피아 사람들은 커피 세리머니 한 번에 석 잔까지 커피를 마시며, 하루에 세 번 커피 세리머니를 즐긴다.

전 세계 60개국 이상이 상업적으로 커피를 생산하는데 대부분의 커피 생산국에는 커피를 마시는 문화가 없다. 그러나 에티오피아는 커피 세리머니 덕분에 커피 생산량의 절반 이상을 국내에서 소비하고 있다. 커피를 생산하지 않는 대도시 사람들, 특히 아디스아바바에 사는 사람들은 '마르카토'라고 부르는 곳에서 커피를 구매한다.

우리가 커피나무의 부산물 중 생두(볶지 않은 커피콩은 '생두', 볶은 커피콩은 '원두'라고 부름)만을 중요하게 여기는 데 반해 에티오피아 사람들은 생두는 물론 커피 잎, 커피 줄기, 커피 껍질('허스크'라고도 함)까지 음용하고 실제로 마르카토에서는 이런 커피 부산물들이 거래된다.

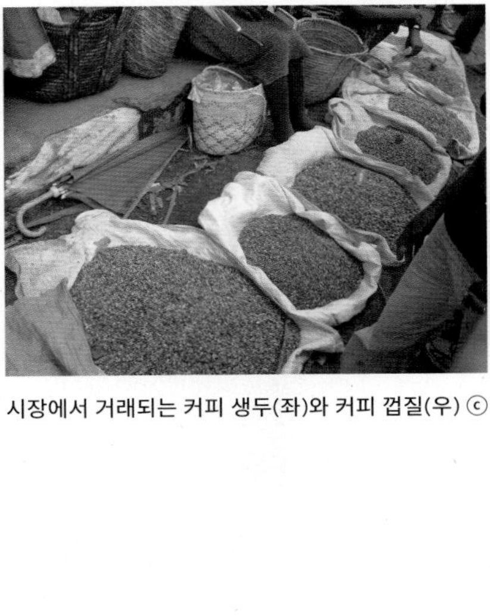

시장에서 거래되는 커피 생두(좌)와 커피 껍질(우) ⓒ 윤오순

동아프리카 최대의 오픈 마켓, 아디스 마르카토

국제공항이 현재의 볼레(Bole)로 이전하기 전까지 아디스아바바의 다운타운은 '피아사(Piaza)'였다. 지은 지 100년이 넘는 호텔 '따이투', 1960년대에 오픈한 에티오피아 최초의 커피숍 '토모카', 종로 3가를 방불케 하는 보석상들이 아직도 성업 중이다.

피아사에서 그리 멀지 않은 곳에 '마르카토'라는 동아프리카 최대의 오픈 마켓이 있다. 에티오피아 대도시에 가면 다양한 '마르카토'를 구경할 수 있지만 현지인들이 '아디스 마르카토'라고 부르는 아디스아바바의 '마르카토'와는 규모와 취급 품목에서 비교가 안 된다.

마르카토는 이탈리아어로 '시장'을 의미한다. 에티오피아는 1936년부터 1941년까지 이탈리아에 점령을 당한 기간이 있었는데 이때 이탈리아는 에티오피아에 참 많은 것을 남겨 놓는다. 일례로 수도에서 몇백 킬로미터 떨어진 시골에서도 스파게티와 피자를 먹을 수 있다.

아디스아바바에는 시장이 많은데 현지인들은 유독 이곳만을 '마르카토'라고 부른다. 참고로 르완다 대사관 근처에 작은 규모의 청과물시장이 있는데 현지인들은 '차이니스 마르카토'가 아닌 '차이니스 마켓'이라고 부른다(몇 년 전까지만 해도 '재패니즈 마켓'으로 불렸다).

아디스아바바의 마르카토는 품목별로 구획이 잘 나누어져 있다. 향신료를 파는 곳에 가면 향신료만, 생활용품을 파는 곳에 가면 생활용품만 모아져 있다. 그리고 품목은 다르지만 각 민족별로 네트워크가 잘되어 있어 전국 각지에서 몰려온 오로모족, 암하라족, 티그레이족, 구라게족 등을 한꺼번에 만날 수 있다.

아프리카 전체에 중국산이 홍수를 이루는 것은 에티오피아도 예외가 아니다. 질이 낮아 선진국에는 수출할 꿈도 못 꾸는 물건들이 중국 노동자들의 손에 들려 에티오피아로 들어오고 있다. 상인들은 신발이 냄새가 나서 신을 수가 없고, 전자 제품도 한 번 쓰면 더 이상 사용하기가 힘들다고 불만을 토로하곤 한다.

마르카토에는 양치를 하는 작은 나뭇조각에서부터 전자 제품에 이르기까지 정말 없는 게 없다. 이 나라 사람들은 마르카토에 엄청난 자부심을 가지고 있어 '이곳에 없으면 어느 곳에도 없다'는 말을 주저 없이 하곤 한다.

아디스 마르카토의 형성 배경 마르카토의 형성 배경에 관해서는 설이 분분하다. 그 옛날 이곳을 여행했던 사람들이 그린 삽화에 소개된 마르카토는 지금과 외관이나 규모가 많이 다르다. 현지인에 따르면 태국인지 대만인지 정확히 기억은 못 하지만 그 나라 사람들이 와서 재래시장으로 이용되던 마르카토를 개발해 대형 몰을 지으려 했었다고 한다. 개발자는 터 잡는 공사를 위해 이곳에서 이미 자리를 잡고 장사하는 사람들을 일일이 찾아다니며 보상을 받고 떠나라고 했다고 한다.

일부 보상을 받고 떠난 사람들이 있긴 하지만 작업의 끝이 보이지 않아 결국 그 나라 사람들은 몰 건설 작업을 포기하고 이곳을 떠났다고 한다. 그러다 보니 주거 지역과 상가 지역이 혼재되어 지금과 같은 모습의 마르카토가 만들어졌고 지금까지도 유지가 되고 있다는 것이다.

마르카토의 형성 배경에 관한 또 다른 이야기는 위의 내용과 조금 다르다. 이탈리아 사람들이 만든 지금의 '피아사' 지역 주변이 커지면서 인근 상인들에 의해 마르카토가 형성되었다는 것인데 취급 품목이나 인접성 등을 고려하면 후자가 좀 더 설득력 있다.

마르카토에는 현대식 건물도 많이 올라가는 중인데 건물 안은 한국의 동대문 시장이나 남대문 시장과 별 차이가 없다. 실내보다 바깥에 볼거리가 많지만 사람과 자동차, 노새까지 뒤엉켜 미로 같은 길을 걷다 보면 정신이 없다. 이럴 때 주의해야 한다. 재래시장을 다닐 때는 주머니 관리를 잘해야 하듯이 여기서도 마찬가지다.

마르카토에 갈 때 외국인들은 관광가이드나 현지를 잘 아는 에티오피아 사람들과 가는 게 안전하지만 사람 사는 곳이라 생각하고 편하게 마음을 먹으면 하루를 즐겁게 보낼 수 있다. 그러나 마르카토에 대한 악성 루머가 많아 차에서 내리지도 않고 차창으로 시장을 구경하는 외국인들을 많이 볼 수 있다. 지갑과 카메라를 주의하고 혹시 악수를 청하는 아이들을 만나면 정신을 바짝 차려야 한다.

당연한 이야기지만 일반 슈퍼마켓이나 백화점보다 마르카토가 물건 값은 몇 배나 싸다. 그러나 흥정을 아주 오래 해야 한다. 재래시장에서의 흥정은 게임이다. 게임에서 이기면 돈을 따지만, 지면 잃어야 한다. 이는 만고불변의 게임의 법칙이다.

마르카토의 커피시장

마르카토에서 가장 큰 규모로 거래되는 품목은 단연 커피다. 마르카토에 가면 커피의 발상지답게 전국의 산지에서 올라온 커피를 다양하게 만날 수 있다. 가격은 지역별로 차이를 보이는데 현지인들도 흥정을 해야 한다. 수출 등급에 미치지 못하는 커피들은 주로 국내 시장에서 거래되는데 마르카토의 커피들이 대표적이다.

스페셜티 커피를 비롯해 1, 2등급 커피는 에티오피아 국내에 풀리지 않고 전량 수출되기 때문에 한국에 수입된 에티오피아산 생두만 봐온 사람들은 커피의 본고장에서 접하는 커피 맛에 크게 실망할지도

마르카토 커피 판매 구역 전경 ⓒ 윤오순

모른다. 비록 수출에는 실패했다고 하지만 현지시장에서 구매한 커피에서 결점두(Defect Beans)를 골라내면 맛이 결코 나쁘지 않다.

커피 생산지 주변에 가면 비정기적으로 열리는 노천시장이나 '수크'라고 부르는 가게들에서도 쉽게 생두를 구입할 수 있는데 상인들에게 아무리 품질 좋은 커피를 부탁해도 결국은 수출 등급에 못 미치는 커피임을 감안해야 한다. 그러나 이름만 들었던 이르가체프, 하라르, 시다모 지역의 노천시장에서 커피를 만나면 결점두투성이의 생두라도 반가울 수밖에 없다.

아와사 커피시장 풍경 ⓒ 윤오순

요즘은 커피를 마실 때 세리머니를 생략하고 마시는 가정이 증가하는 추세인데 시장에서 커피 분말을 사다 제베나에 끓여 마시기도 한다. 아디스 마르카토에서 멀지 않은 피아사 주변에는 커피숍도 많고, 커피를 직접 로스팅해서 판매하는 곳도 있어 생두가 아닌 원두나 커피 분말은 이런 곳에서 구매를 하기도 한다.

지방도 비슷한 변화가 감지되는데 대표적인 것이 가게 앞에 커피 세리머니 세트를 놓고 '스니'라고 부르는 작은 잔에 담아 판매하는 것이다. 가격은 지역별로 차이가 있지만 서비스 형태는 대개 비슷하다. 이런 이유로 에티오피아의 지방에 가면 '커피를 사고 싶다'와 '커피를 마시고 싶다'를 구분해서 표현해야 한다.

아시아와 유럽, 두 대륙이 걸쳐 있는 세계 유일의 시장

터키 이스탄불 그랜드 바자르

손은하

동서양의 만남의 장터

위치	터키 이스탄불
형성 시기	1461년
상품 종류	보석, 그릇, 카펫, 향신료, 장신구 등
거래 단계	소매
개설 주기	상시

공공(사회)사업의 자금을 모으기 위한 목적으로 열리는 '바자회'라는 말을 종종 들어 봤을 것이다. 여기서 '바자(Bazaar)'의 어원은 고대 페르시아어로 '식량을 파는 곳'이라는 의미를 가지고 있는 단어로 동양의 여러 나라에서는 '시장'이나 '상점가'로, 영국이나 미국 등에서는 '자선장터'의 의미로 사용된다. 그러한 시장들 가운데 '그랜드(grand, 웅대한, 원대한)'라는 형용사가 앞에 붙어 있는 터키의 '그랜드 바자르(Grand Bazaar)'는 규모로 보나 다채로운 품목으로 보나 그야말로 웅대한 시장이다.

그도 그럴 것이 이 시장이 위치한 이스탄불은 육상 실크로드의 종착지이자 지중해를 거쳐 이탈리아의 베네치아와 제노바로 가는 해상 실크로드의 연결 지점이며, 보스포루스 해협(Bosphorus Strait)을 사이로 아시아와 유럽이 맞닿은 곳에 위치한, 두 개의 대륙이 걸쳐 있는 세계 유일의 도시다. 또한 터키 최대의 도시이며 경제와 문화의 중심도시로 예전 동로마 제국(비잔틴)의 수도였던 곳이다(원래는 콘스탄티노플이라고 불렸으나 오스만 제국에 의해 점령된 이후로 이스탄불로

이름이 바뀌었다). 간혹 이스탄불을 터키의 행정수도로 알고 있는 사람들도 있으나, 1923년에 앙카라(Ankara)가 터키 공화국의 새로운 수도로 제정되었다. 이곳은 옛날에 앙고라라고 부르기도 했으며, 질 좋은 모피를 일컫는 '앙고라'는 이 앙카라에서 수출된 염소 털에서 유래한 말이다. 또한 이곳에는 한국전쟁에서 희생한 터키 군인들을 기리기 위해 쌓은 참전 기념탑이 있는 한국공원도 위치해 있다.

흔히들 터키는 NATO, 유럽의회 회원국, EU의 준회원국으로 가입되어 있어 아시아가 아닌 유럽 국가로 인식되고 있다. 더구나 월드컵 대륙별 경기 시 유럽 국가들과 대결을 하는 관계로 더더욱 그렇게 생각하는 경우가 많다. 그러나 터키는 국토의 97%가 아시아 대륙의 서부에 위치해 있고, 3%정도만이 유럽 대륙의 동남부와 연결되어 있는데 불과하다. 그들 자신은 유럽인이라 생각할지 몰라도 대부분의 유럽인들은 터키를 유럽이라고 보지 않는 경우가 많다. 원래 터키인의 뿌리는 중앙아시아 최초의 유목민들이었다. 우리가 돌궐(突厥)이라고 부르는 이 이름은 튀르크(Türk)의 음을 따서 한자화한 말로 터키인의 대부분이 이들의 후손이다(돌(突)은 '부딪히다', '갑작스럽다'라는 뜻을, 궐(厥)은 오랑캐를 뜻하는 것으로 중국인들이 이들의 잦은 침입으로 인해 곤혹을 치르게 되자 이들을 낮추어 부르는 말로 의미 지어졌다).

터키를 일컬을 때 '인류 문명의 박물관'이라는 표현을 자주 한다. 이는 히타이트, 프리기아, 리디아, 페르시아, 헬레니즘, 로마, 비잔틴, 셀주크, 오스만 제국에 이르기까지 다양한 문화와 문명이 명멸했던 곳이기 때문이다. 주로 터키족이 살고 있지만, 쿠르드족, 아르메니아인, 유대인, 시리아인, 아랍인, 페르시아인, 루마니아인, 발칸인 등 다양한 민족들이 있다. 오스만 제국은 넓은 땅을 통치하기 위해 종교적으로 관용을 베푸는데, 이슬람교뿐 아니라 세금만 잘 낸다면 다른 종교도 인정해 주는 관용 정책을 폈다. 이로 인해 수많은 종교와 문화가 한데 어우러져 다양한 문화가 함께 발전할 수 있는 계기가 될 수 있었다.

지정학적으로도 터키는 유럽과 아시아가 만나고, 지중해를 통해 중동과 아프리카까지 만나는 교차점에 위치해 매우 중요한 요지에 입지를 두고 있다. 또한 접경을 이루는 나라가 이라크, 러시아, 루마니아, 시리아 등 무려 8개국에 이른다. 그랜드 바자르가 있는 이곳 이스탄불은 교역 중심지의 역할을 담당했기 때문에 자연스럽게 동서양의 문물들이 유통되었고, 이로 인해 다양한 문화와 문물 교류가 일어날 수밖에 없는 공간에 자리 잡고 있어 태생적으로 '웅대한 시장'이 될 운명일 수밖에 없었다.

그랜드 바자르의 탄생

동화 작가 안데르센이 콘스탄티노플을 방문한 후 "이곳에 가면 그랜드 바자르를 꼭 들러 봐야 한다. 도시의 심장부가 바로 이곳이기 때문이다."라는 말을 한 것으로 유명하다. 또 미국 여행 전문 매체 『트래블+레저(Travel+Leisure)』에서 조사한 '세계에서 가장 많이 방문한 관광 명소(World's Most-Visited Tourist Attractions)'에서 매년 상위권을 놓치지 않을 만큼 관광객들 사이에 유명한 시장이다. 매일 25만에서 40만의 방문객들로 넘쳐 나고 있다.

그랜드 바자르는 비잔틴 제국 시대에는 마구간으로 사용하던 곳이라 전해 온다. 그러던 곳이 시장으로 바뀌게 된 것은 오스만 제국의 제7대 술탄인 메흐메트 2세의 명령에 의해서였다. 처음 이곳은 실크 무역상들이 물건을 팔면서 낙타와 함께 잠시 쉬어 가던 곳으로, 동서양의 문물과 문화, 그리고 이슬람교와 기독교가 만나는 장이었다. 동서양의 무역을 중계하면서 대상(隊商, 카라반)들이 많아지게 되자 그들이 묵을 숙소가 생기기 시작했으며, 이 숙소에는 상인들을 위한 사원, 목욕탕, 말과 낙타를 위한 우리도 있었다.

이후 제10대 술탄인 술레이만 1세 때 대대적으로 규모를 확장했다. 그러나 1894년 대규모의 지진으로 인해 시장이 파괴되자, 새롭게

증축을 했는데 이때 시장 안에 있던 분수와 우물, 사원, 학교와 목욕탕은 복구에서 제외되어 철폐되었다. 몇 번의 증개축으로 인해 규모가 점점 커졌고, 지금의 지붕 있는 석조 건물의 형태가 되었다. 이 시장의 다른 이름은 'Covered Bazaar(덮여 있는 시장)', 즉 '지붕이 있는 시장'이란 말로, 터키어로는 '카팔르차르쉬(Kapalıçarşı)'라고 불린다. 이것이 동양 다른 나라의 지붕 있는 시장의 모델이 되었다.

미로와 같은 골목길과 다채로운 품목들

그랜드 바자르는 58개의 좁은 길로 연결되어 있는데 출입구만 22개가 있다. 그중 대표적인 것이 누루오스마니에 게이트(Nuruosmaniye kapısı)와 베야즈트 게이트(Beyazıt kapısı)로, 누루오스마니에 게이트에는 의장용 무기와 책, 깃발이 새겨져 있고, "카팔르차르쉬 1461"이라는 글자가 새겨져 있다.

그랜드 바자르에는 각 품목마다 판매하는 구역이 정해져 있고, 각 매장들이 번호로 관리되어 있어 찾고자 하는 목적지의 번호를 알면 쉽게 찾을 수 있다. 그렇지만 좁은 길이 많고 규모가 워낙 크기 때문에 조금만 헤매고 돌아다녔다간 길을 잃을 가능성이 매우 높다.

시장에서 가장 많은 점포는 1,100여 개의 보석 상점으로 중앙 통로에 위치해 있다. 오스만 제국 시절의 술탄은 귀금속이 장식된 보석함을 선호했고, 무기에도 각종 보석들을 박아 장식을 하는 등 귀금속을 선호했다. 이러한 풍습이 이어지는 것인지 이곳 터키에서는 돈을 벌면 금을 사서 그 재력을 과시하는 경향이 있다. 따라서 현지인들을 상대로 한 금은보석 상점이 그랜드 바자르에 가장 많이 입점해 있다.

그 뒤를 이은 품목이 500여 개의 카펫 상점이다. 터키는 질 좋은 카펫으로 유명한데 그랜드 바자르에선 카펫 전문 상인들을 많이 볼 수 있다.

그랜드 바자르의 카펫 전문 가게. 다양한 무늬의 카펫들을 볼 수 있다.
ⓒ shutterstock

가장 질 좋은 카펫을 일컬어 '칼리(quli)'라고 부르는데 이 원어가 터키어에서 나온 말이다. 카펫 하면 흔히 페르시아를 떠올리는 경우가 많으나, 이도 터키로부터 카펫 기술을 도입한 것으로 16세기 이전까지는 카펫시장을 터키의 이스탄불이 독점했다. 터키에는 13세기에 이미 카펫 제작소가 있었고, 가장 오래된 생산지로는 터키의 중부 도시 '콘야(Konya)'를 들 수 있다. 그러나 요즘에는 공장에서 나오는 카펫이 워낙 많아져 수공예 카펫과 경쟁을 벌이고 있다. 주로 면, 양모 실크로 제작되고 있고, 이 가운데 양모를 가장 선호한다(60년 이상 된 수공예 카펫을 국외로 반출하는 것은 범법 행위로 간주되기 때문에 주의를 해야 한다고 전한다).

그 외에도 가죽 제품 상점, 치터(Zither)와 주르나(Zurna) 등 민속 악기를 파는 상점, 지방 토산품 상점, 고수(Coriander), 오레가노, 커리, 칠리, 사프론 등의 각종 색상과 향기를 가진 향신료를 파는 상점, 인형 등 잡화를 판매하는 상점, 젤리같이 쫄깃한 로쿰(Lokum)이나 흰 치즈, 밀가루와 깨로 만든 터키 전통 과자인 헬바(Helva), 버터를 바른 얇은

페이스트리와 같은 반죽 안에 피스타치오, 호두 등의 견과류를 넣고 시럽을 잔뜩 묻힌 바클라바(Baklava) 등 터키 과자를 파는 상점, 신발과 목도리를 파는 상점, 알록달록한 그림이 그려진 그릇과 전통 도자기를 판매하는 상점, 여러 가지 색상의 전등을 파는 상점과 각종 기념품 상점들이 즐비하다.

도자기와 조명 장식은 문양과 색상의 화려함에 빠져들 수밖에 없다. 아라베스크 문양, 구름 문양, 당초 문양 등이 그려져 있는 그릇들은 손수 그린 것이 많아 제각각 조금씩 다른 무늬를 띠고 있다. 특히 이즈니크 도자기는 그 화려함으로 유명하다. 조명들도 장식과 색상이 형형색색 찬란하고, 블루모스크를 장식한 타일도 패턴이 다양하고 색감이 선명하다. 과자나 향신료, 도자기, 조명, 가방 등의 패션 잡화 등을 보면 화려한 장식과 색상을 좋아하는 터키인의 모습을 그대로 볼 수 있다.

터키 도자기 ⓒ shutterstock

기념품 가게에는 악마를 도망가게 하여 재앙을 막아 준다는 터키의 부적인 나자르 본주(Nazar Boncugu)가 꼭 있다. 파란색 바탕으로 된 유리에 눈 모양이 그려진 것으로 목걸이나 팔찌 등의 장신구를 비롯해서 갖가지 형태로 제작되어 판매된다. 영어로는 '이블 아이(Evil eye, 악마의 눈)'라고 하며 '가장 강력한 악마의 눈을 가두어 놓아 주위의 악마를 도망가게 하고, 타인의 질투를 빨아들여 주위의 재난으로부터 자신을 지켜 준다'는 의미를 지니고 있어 상점의 입구, 버스 등의 문 옆을 살펴보면 어김없이 찾을 수 있다.

악마를 도망가게 하여 재앙을 막아 준다는 터키의 부적인 나자르 본주
ⓒ shutterstock

그리고 기념품 가운데 세마(Sema) 춤을 추고 있는 수도승의 모습을 만든 인형을 볼 수 있을 것이다. 세마는 13세기에 이슬람교의 큰 스승이자 시인 루미 메블라나(Rumi Mevlana)가 창시한 신비주의 종파 수피즘에서 수도승들이 추던 의식무(儀式舞)다. 승려는 묘비를 의미하는 갈색이나 흰색의 원통형 높은 모자와, 수의를 뜻하는 흰색의 넓은 치마에 무덤을 뜻하는 검은 망토를 두르고 짧게는 1시간, 길게는 3시간 이상 제자리에서 빙글빙글 도는 춤을 춘다. 신과의 합일을 목적으로 오른손은 신의 축복을 받기 위해 하늘을 향하고, 왼손은 사람들에게 축복을 주기 위해 땅을 향해 있다. 앞서 언급한 카펫으로 유명한 콘야에서 루미 메블라나를 기리는 '루미 페스티벌'이 매년 12월 10일부터 17일까지 열린다. 현재는 세계적인 축제로 자리매김해 이맘때면 관광객들로 가득하다. 이 축제에서 세마 춤을 추는 것이 하이라이트로 기념품으로 제작된 인형뿐 아니라 큰 조형물로 만든 것도 곳곳에서 발견할 수 있다.

이 밖에도 휴식을 취할 수 있는 카페와 레스토랑, 차이(Çay)와 커피 용품을 파는 상점이 있다. 또한 이곳에서는 미국인, 독일인, 아프가니스탄인 등 외국인이 운영하는 상점도 몇 개 발견할 수 있다.

터키식 커피(Türk Kahve)와 터키 차(Çay)

터키는 특히 커피와 홍차의 문화가 공존했던 곳으로, 16세기 후반 이스탄불에서는 커피문화가 번성했다. 현재는 커피보다 홍차를 많이 마시는데, 연간 1인당 소비량이 2kg 정도가 될 만큼 국내 소비량이 높다. 터키식 홍차를 차이(Çay)라고 하는데 차이를 끓일 때는 두 개의 주전자가 위아래로 있는 '차이단륵(Çaydanlık)'이라는 특수한 주전자를 사용한다. 밑에 있는 주전자에 생수를 2/3 정도 채우고 위의 주전자의 차망에 홍차 잎을 넣고 물로 적셔 준 후 주전자를 불에 올려 물을 끓인다. 끓인 물을 위의 주전자에 1/3쯤 부은 다음 찻물이 우러나오도록 기다렸다가 설탕이나 레몬을 첨가해서 먹는다. 취향에 따라 찻물을 조절해 진한 차 뎀리(Demli)나 연한 차 아츽(Açik)으로 내려 먹는다.

차이는 허리가 잘록하게 들어간 호리병 모양의 찻잔에 부어 먹는데 민트와 같은 허브를 넣기도 하여 한 번에 4~5잔은 기본으로 마신다. 터키 동북 연안에 있는 리제(Reze)가 차이 최대 생산지로 알려져 있다.

그랜드 바자르에서도 이 '차이'를 배달하는 남성들을 쉽게 볼 수 있다. 터키의 모든 서비스업에 종사하는 사람은 다 남자이다. 상점에 들어가면 이 차이를 권하며 자연스럽게 손님을 상대한다. 또한 로쿰과 헬바 같은 달콤한 전통 과자를 권하며 손님이 한번 발을 들이면 안 살 수 없도록 만드는 친절한 상술을 펼친다.

커피를 끓이는 제즈베 ⓒ http//tr.wikipedia.org/wiki/Cezve

이슬람교는 술을 마시지 못하게 하는 종교이다. 따라서 오스만 제국에서는 술 대신에 차나 커피를 마시며 대화를 나누는 문화가 발달했다. 1544년에는 이스탄불에 '카흐베하네

(Kahvehane)'라는 최초의 카페가 생겼고, 그 수는 점점 늘어났다. 커피를 터키어로 '카흐베(Kahve)'라고 하는데 커피를 마시는 장소를 일컫기도 한다. 이 카흐베가 변해서 오늘날 보통명사인 '카페'가 되었다고 전해 온다.

터키식 커피는 제즈베(Cezve)라는 구리로 만든 용기에 곱게 간 커피 가루와 설탕을 함께 넣어서 거품을 많이 내서 끓인다. 커피 가루가 가라앉기를 기다렸다가 위의 부분을 마신다. 다 마신 잔은 뒤로 뒤집어 굳어질 때까지 기다린 후 바닥에 남은 커피 가루 모양으로 점을 치기도 한다고 한다. 커피 자체를 끓이기 때문에 강하고 진한 맛을 느낄 수 있다.

여전히 인류 문명의 박물관의 모습으로

실크로드를 따라 흘러 들어온 동양의 비단, 칠기, 도자기와 같은 진귀한 물건들과 지중해를 건너온 유럽의 보석, 유리병, 직물 등의 다양한 산물들이 만나던 곳. 또 유럽, 아시아, 이집트의 상인들과 각 나라의 외국 상인들로 인해 다양한 인종들이 서로 교역을 하고 묵어갔던 곳. 이곳은 단지 물품들만의 교류만이 아니라 종교와 문화, 사람이 만나는 통로로서의 역할을 하는 곳이었다. 그러나 현재의 그랜드 바자르에서 그러한 교역 물품들과 상인들의 모습은 사라졌다. 하지만 각종 향신료와 가죽 제품, 수공예품 등 동서양의 다양한 품목들이 거래되고 있고, 각 나라에서 온 관광객들로 인해 다양한 인종과 민족이 만나고 섞이는 새로운 형태의 교류가 이어지고 있다. 여전히 인류 문명의 박물관의 모습으로….

금빛 장신구들로 뒤덮인 그곳

아랍에미리트 두바이 금시장

조정민

석유보다 건축물이 더 유명한 도시, 두바이

위치	아랍에미리트 연방
형성 시기	1930년대
상품 종류	각종 금제품 및 귀금속류
거래 단계	도·소매
개설 주기	상시

어느 텔레비전 프로그램에서 경유 여행지로 두바이가 소개되기 이전까지, 두바이는 우리에게 '두바이유'라는 이름으로 더 친숙했다. 세계 3대 유종 중 하나인 두바이유는 우리나라 원유 도입량의 약 70%를 차지하고 있어 국내 원유 가격에 결정적인 영향을 미치고 있다. '두바이유'라는 이름만 보면 두바이에 매장된 석유자원이 대단히 풍부할 것 같지만, 실제 하루 원유 생산량이 20만 배럴로 사우디아라비아의 약 2퍼센트에 불과하며 아랍에미리트 연방(United Arab Emirates)을 구성하는 7개의 토후국 가운데서도 석유 매장량이 가장 적은 편에 속한다.

이런 이유 때문인지 두바이는 가까운 장래에 석유가 고갈될 것으로 내다보고 그 대비책으로 물류나 금융, 관광의 허브 기능을 국가기반사업으로 하고 있다. 세계적으로 많은 사람들이 찾는 두바이 국제공항이나, 최신형 항공기와 효율적인 운영으로 폭발적인 성장을 하고 있는 에미리트 항공, 중동 지역 최대의 물류 허브라 불리는 인공 항구 자발 알리, 17개에 달하는 경제 자유 구역, 그리고 한 번쯤은 들어 봤음직 한 세계 최대의 인공 섬 팜 아일랜드, 세계 최고층 빌딩인 부르즈 할리파, 세계 최대의 쇼핑몰 두바이 몰, 중동 최초의 인공 실내 스키장 스키 두바이, 세계 최고급 호텔로 불리는 이른바 7성급 호텔 부르즈 알 아랍 등은 천연자원인 석유를 대신해 두바이의 경제를 견인하고 있는 새로운 인공자원이다.[1]

초현실적인 건축물의 집합소와 같은 두바이 시내. 시내 곳곳에서 공사가 진행 중인 건설 현장을 목격할 수 있다. ⓒ 조정민

두바이 시내 풍경을 조망하는 관광객. 특이한 외관의 고층 빌딩은 두바이의 새로운 관광자원이기도 하다. ⓒ 조정민

천문학적 예산이 투입된 두바이의 건설 프로젝트는 한때 도시 발전의 새로운 모델로 전 세계적인 주목을 받았지만, 무리하고 방만한 재정 투입으로 인해 실패한 모델이라는 비판도 함께 받았다. 실제로 두바이에서 이루어지고 있는 공사들의 총공사비는 두바이 외환 보유

1 부르즈 할리파, 부르즈 알 아랍 등의 명칭은 외래어 표기법에 따라 현지 발음으로 표기한 것이다. 버즈 할리파(영어식+아랍식), 부르즈 칼리파(아랍식+영어식) 등의 표기는 영어식과 아랍식이 혼용된 것이다.

액의 10배가 넘는다.

이러한 건설 프로젝트는 두바이 정부 주도로 이루어지고 있는데, 석유가 많이 생산되는 아부다비 정부나 투자자, 주변 산유국의 오일머니에 기대면서 최대, 최고, 최초, 최고급이라는 수식어가 붙는 대형 건설 프로젝트를 진행하고 있는 것이다.

이처럼 경제적 위험을 무릅쓰고 진행된 과잉 투자는 결국 지역의 자연이나 역사, 인문적 배경과는 전혀 상관없는 인공적인 환경과 특이한 건축물을 낳는 것으로 귀결되고 있다. 어느 학자가 지적한 것처럼 시각과 환경의 과잉 상태를 끝없이 추구하며 거대하게 정신병적으로 조합된 두바이의 키치적 판타지는 현기증을 불러일으키고 있다.

황금의 도시
- Dubai, City of Gold

부르즈 알 아랍 호텔, 주메이라 비치, 부르즈 할리파와 두바이 몰 등, 파격적이고 과격하게 느껴지는 건축물들과는 달리, 동부의 데이라(Deira) 지구는 오래된 두바이를 체험할 수 있는 곳이다.

두바이 시내에는 운하인 두바이 크릭(Dubai Creek)이 'L' 자 모양으로 흐르고 있다. 이 크릭은 걸프 만의 바닷물이 흘러 들어와 형성된 물길인데, 마을이나 시장은 물길을 중심으로 형성되어 있다. 두바이 사람들은 이곳에서 물고기나 해산물을 잡으며 어업에 기반을 둔 생활을 해 왔고, 또 진주를 채취하여 인근 국가와 물물교환하면서 중개 무역지로서 입지를 다져 왔다.

지금도 두바이 크릭에서는 아브라(Abra)라고 불리는 수상 택시나, 작은 크루즈선, 목선들이 오가며 짐을 싣거나 내리는 모습을 확인할 수 있으며, 저렴한 수상 택시를 이용해 크릭을 건너는 승객이나 관광객들도 여전히 많다.

아브라는 짧은 시간 안에 크릭을 건널 뿐 아니라 운임도 1디르함

(DH)으로 매우 싼 편이며 또 아랍식 건물들이 촘촘히 들어선 연안 경치를 조망할 수 있어서 여러모로 이점이 많다. 그러나 어지간한 기름 냄새와 내리쬐는 햇볕은 오롯이 승객의 몫이다.

크릭을 건너는 수상 택시 아브라 ⓒ 조정민

중개 무역지라는 지리적 특성으로 인해 데이라 지구엔 오래전부터 자연스럽게 시장이 형성되었으며 지금도 품목별 전문시장이 자리 잡고 있다. 예를 들면 잡화를 취급하는 도구시장(Utensils Market)이나 침구시장(Mattress Market), 각종 향신료와 건과를 판매하는 향신료시장(Spice Market) 등이 있고, 미국에 이어 세계에서 두 번째로 크다는 금시장(Gold Market)도 이곳에 자리하고 있다.

금시장의 유명세 때문인지 관광객들의 발길이 이 지역 구석구석에 이르고 있지만, 금시장에 모여드는 인파는 특히 대단하다. "Dubai, City of Gold"라고 쓰인 아랍 양식의 수수한 나무 문을 지나면 그다음부터는 눈이 어지러울 정도의 금빛 물결이 출렁이기 시작한다.

금시장 중심부는 약 280m 길이의 아케이드로 되어 있는데 양옆으로 450여 개의 도매상과 300여 개의 소매상이 모여 있다. 이 시장은

각종 금 장신구들과 실제로 착용이 가능한지 의심을 자아내는 장신구
ⓒ 조정민

1930년대에 조성되어 1940~1950년대에 인도나 이란에서 온 상인들이 금을 취급하는 상점을 열면서 규모가 확대되었다. 1970년대 이후에는 고유가에 따른 경제 성장과 함께 더욱 확장되어 지금의 금시장이 형성되었다.

2000년대에 들어서면서부터 두바이 인구와 관광객이 증가하고, 또 쇼핑 페스티벌 같은 이벤트가 생기면서 규모가 더욱 커지게 되었다. 관세가 붙지 않는 까닭에 다른 국가에 비해 상대적으로 가격이 저렴한 것이 관광객의 발길을 끄는 매력이 되기도 한다.

흔히들 관광 명소로 알려진 시장을 방문해 보면, 현지의 온기와 체취는 사라진 채 관광객의 호주머니를 털기 위해 계산된 상술만이 공간을 메우고 있는 것을 느낄 때가 많다. 그러나 두바이 금시장의 경우는 상황이 조금 다르다.

우선 세상의 모든 금붙이와 보석들을 죄다 모아 놓은 것 같은 호화롭고 사치스러운 풍경만으로도 충분한 볼거리가 된다. 시장 안을 돌아다니며 줄지어 있는 가게들을 기웃거리다 보면 금으로 만든 온갖 장신구의 크기와 종류, 디자인 등에 금세 압도당하고 마는 것이다.

'저런 장신구들로 치장하는 사람들이 실제로 있을까', '저 어마어마한 무게를 과연 견딜 수나 있을까' 의심을 자아내는 장신구들이 있는가 하면, 현실적으로 착용이 가능하고 지갑도 열 수 있을 만한 귀걸이나 반지도 찾아 볼 수 있다.

금시장이라고 다를 것이 없는 흥정과 호객 행위

디자인이나 색깔 등이 다소 생소한 탓에 관광객들은 선뜻 구매하지는 못하면서도 연신 카메라 셔터를 누르며 황홀한 빛과 디자인을 기념으로 남기려 한다. 그렇게 넋을 잃고 바라보고 있노라면, 세계 여느 시장과 마찬가지로 호객 행위를 하는 속칭 '삐끼'가 관광객의 발길을 붙잡고 말을 걸거나 흥정을 붙이기도 한다.

흥정을 붙인다는 것은 가격 조정이 가능함을 의미할 터. 가게마다 제각기 다른 디자인의 상품을 가지고 있는 만큼 가격도 천차만별이며 부르는 게 값이다. 그러나 부르는 값에 덥석 물건을 사는 사람은 아무도 없다. 당일의 금 시세를 확인하고 바가지 요금은 아닌지 잘 살핀 뒤, 요령껏 재주껏 깎고 또 깎아야 제값을 주고 사는 셈이 된다.

크고 작은 가게들의 쇼윈도에 전시된 장신구들은 한눈에 보더라도 조금씩 차이가 있다는 것을 알 수 있다. 인도인들은 주로 22k, 아랍인들은 21k, 유럽 관광객들은 14k나 18k를 선호하기 때문에 금의 함량이 다른 것은 물론이며, 디자인 또한 고객층에 따라 선호도가 다르다 보니 인도나 파키스탄식의 디자인이 있는가 하면 아랍식이나 유럽식도 볼 수 있다.

만약 시판되는 제품 가운데 마음에 드는 디자인이 없을 때에는 주문 제작도 가능하다고 한다. 특히 연말연시에 관광객들이 많이 찾는데, 크리스마스나 두바이 쇼핑 페스티벌 같은 이벤트가 있어 금시장 역시 평소보다 훨씬 활기를 띠게 된다.

상점 안의 북적이는 손님들 ⓒ 조정민

이처럼 금시장은 이곳을 찾는 사람들에게 두바이 특유의 볼거리를 제공하기도 하지만, 현지인들의 생활과 밀착된 모습을 여실히 보여 주기도 한다. 가게마다 차도르나 히잡을 쓴 여성들이 제품을 직접 고르는 모습을 보면 이곳 사람들의 금에 대한 인식과 풍습을 일부분이나마 확인할 수 있다.

이슬람 법 샤리아는 절제와 자제를 통해 정신적 중심을 세운다는 명목으로 남성에게는 금으로 된 장신구 착용을 금지하는 반면 여성에게는 허용을 한다. 여성은 펼침과 무한을 상징하기 때문이라는데, 이러한 법 때문인지 대부분의 금 장신구는 여성용이며 실제로 금목걸이나 금팔찌, 금발찌, 금반지 등으로 치장한 여성들을 종종 볼 수 있다. 그리고 이들 장신구의 크기는 그만큼의 부를 상징하는 것이기도 하다.

또한 금은 중동에서 결혼문화와 매우 밀접한 관계를 맺고 있다. 결혼하기 전에 신랑은 낙타나 염소 같은 가축을 마련하여 신부 아버지에게 건네주는 풍습이 있는데, 점차 주거 환경이 바뀌어 감에 따라 가축 대신 귀금속을 보내는 일이 더 많아졌다. 옛날에는 은을 보내는 경우도 있었으나 최근에는 환금성이 좋은 금으로 하는 것이 보통이다. 신부 측이 신랑으로부터 금을 받는 이유는 신부의 지위를 보호하기 위해서라고 한다.

신부의 부모는 결혼 당시 받아 두었던 금을 잘 관리하고 있다가 만약 딸이 이혼하게 되면 경제적으로 곤란해지지 않도록 이 금을 건네준다. 이 같은 결혼 풍습은 자연히 중동의 금 수요를 늘리는 요인이 되고 있다.

무엇이든 최대, 최초, 최고의 기록을 보유하고자 하는 두바이의 야심은 금시장에서도 예외가 아니다. 금시장 입구의 가게에 전시된 초대형 금반지는 무게만 해도 63kg이며 가격이 약 31억 원으로 세계에서 가장 크고 무거운 금반지로 기네스북에 올라 있다.

기네스북에 등재되어 있는 초대형 금반지. 무게가 무려 63kg로 성인 남성의 몸무게에 육박한다. ⓒ 조정민

모양은 우리나라 돌반지를 닮았지만 크기나 무게가 비교를 할 수 없을 정도다. 일반 성인 남성의 몸무게에 이르는 이 금반지는 판매용이 아닌 전시용이지만 그 홍보 효과는 대단하다. 기네스북에 올라 있는 유명세로 인해 관광객들의 발길이 유독 이곳에 집중되고 있다.

뒷골목의 은시장

금시장의 중심 아케이드를 벗어나 뒤쪽 골목으로 돌아가면 주로 은이나 기타 보석을 취급하는 상점들이 모여 있는 것을 발견할 수 있다. 골목 가운데에는 환금소도 있고 원석을 팔거나 원하는 모양대로 깎아 주는 곳도 있으며, 기존 제품을 수선하고 도금하는 곳도 있다.

두바이 금시장의 마이너리그라 할 수 있는 이곳은 관광객이나 손님들의 발길이 잘 미치지 않아 한산하며, 전시되어 있는 상품도 금시장과는 달리 대체로 소박한 편이다. 오래도록 비어 있었던 것 같은 먼지 쌓인 '이미테이션 주얼리' 쇼윈도와 무료한 듯이 서 있는 종업원은 이 골목의 쇠퇴한 분위기를 잘 드러내고 있다.

금을 소유하고자 하는 욕망과 자기만족, 그리고 다른 사람에 대한 과시욕이 '이미테이션 주얼리'라는 짝퉁을 탄생시킨 듯하지만, 생각해 보면 이 같은 짝퉁 귀금속은 일찍이 고대부터 존재하고 있었다.

구리나 납, 주석 따위의 비금속으로 금과 은을 만들어 내려 했던 연금술은 금에 대한 인간의 욕망에서 비롯된 것이었다. 그러나 진짜와 가짜에 대한 잣대가 그 어느 시장보다 준엄한 귀금속 시장에서 가짜의 생명력이란 그리 오래 지속되지 못하는 모양이다. 텅 비어 버린 가게들이 그것을 방증한다.

번쩍번쩍한 금시장의 북적임과는 대조적인 풍경을 하고 있는 뒷골목의 은시장. 그러나 이곳 역시 두바이 금시장의 일부임에 틀림없다.

또 다른 금시장

두바이는 금시장을 비롯한 귀금속산업을 본격화시키기 위해 2002년 4월 귀금속 센터인 DMCC(Dubai Metal and Commodities Centre) 건립을 발표한 바 있다. 이는 두바이를 런던에 버금가는 귀금속 거래 중심지로 양성하려는 의지를 반영한 것인데, 이를 위해 두바이 정부는 300헥타르의 귀금속 자유무역지대를 시내에 조성하여 다이아몬드 검증센터, 금 제련소 등의 인프라를 구축하고자 개발을 추진하고 있으며 각 분야의 자문단도 구성하고 있다.

이처럼 두바이가 금 거래의 거점이 될 수 있었던 것은 무엇보다도 지리적인 이점이 작용했기 때문이다. 세계의 다른 대륙에 비해 금을 좋아하는 중동 지역에 위치한 데다가 세계 최대의 금 소비국인 인도와 근접해 있어 유통량이 상대적으로 많을 수밖에 없다.

두바이의 금제품 수출은 주로 재수출의 형태로 이루어지는데, 실제로 두바이의 주요 금 수입국은 인도이며 금 수출 역시 인도나 홍콩, 말레이시아, 미국, 호주, 스위스 등의 나라를 대상으로 하고 있다.

두바이 금시장의 성장은 정치적인 상황과도 밀접하게 결부되어 있다. 9.11 테러 이후 엄청난 규모의 조사 보고서가 작성되면서 두바이가 알카에다와 탈레반을 필두로 한 이슬람 무장 세력의 자금줄 역할을 한다는 사실이 밝혀진 바 있다.

미국 재무부의 전직 고위 관리가 "테러리스트 자금과 관련된 모든 길은 두바이로 통한다."라고 언급한 바 있고, 빈 라덴이 두바이 이슬람 은행을 통해 많은 돈을 송금했으며 탈레반이 규제를 받지 않는 두바이 금시장을 통해 아편세로 받은 금괴를 세탁된 달러로 바꿨다는 이야기도 들린다.

2006년 3월, 『월스트리트저널』 역시 "금과 다이아몬드를 파는 시장과 물물교환소, 비공식적인 송금 점포 등은 오래전부터 연줄과 씨족의 결속력에 바탕을 둔 불투명한 사업 세계를 형성했다. 암시장 중개인, 무기 거래상, 테러리스트 자금책, 돈세탁업자 등은 사업의 상당 부분이 합법적이라 할지라도 이런 자유로운 환경을 활용한다."라며 두바이가 테러리스트들의 은밀한 돈세탁 중심지임을 보도한 바 있다.

물론 이런 이야기들은 상당 부분 반아랍 정서에 바탕을 둔 것이기도 하지만, 중동에서 금융 규제가 가장 느슨한 곳인 두바이는 또 다른 의미에서 金(황금)과 金(화폐)의 허브인 점은 부정할 수 없을 듯하다.

시장은 예술이자 문화다

골목길에서 느껴지는 경건함의 정취

불가리아 소피아 이콘화시장

채유정

위치	불가리아 소피아 시
형성 시기	1986년경
상품 종류	이콘화, 오래된 카메라나 공산주의 시절의 기념품
거래 단계	도·소매
개설 주기	상시

불가리아의 수도 소피아 한복판에는 관광객이라면 누구나 들러 볼 법한 건축물이 있다. 화려한 금색 돔으로 한껏 멋을 낸 '알렉산드르 넵스키' 성당이다. 러시아-터키 전쟁 참전 용사들을 기리기 위해 지어진 이 거대한 성당을 둘러보고 성당 입구를 나서면 그 앞의 작은 정원에서 휴식을 취할 수도 있고, 산책을 하며 여기저기 구경을 할 수도 있다.

다양한 이콘화 뒤로 보이는 알렉산드르 넵스키 성당 ⓒ 채유정

이 성당에서 걸어서 10분 이내의 거리에는 볼거리들이 가득하다. 현대 미술관, 오페라 극장 등 현지인들의 예술을 엿볼 수 있는 곳도 있고, 정치의 중심지로서 국회와 대통령궁, 정부청사 건물이 모여 있는, 이

른바 불가리아의 다우닝 가도 있다.

이전 공산주의 시절에는 소피아의 각 지역에 거주할 수 있는 직업군이 따로 있었는데, 이곳은 주로 화가, 음악가 등 예술가들이 살았던 지역이다. 이 모든 볼거리는 바로 넵스키 성당이 위치한 넵스키 광장에서부터 시작한다. 이 광장의 한편에는 무명의 용사를 추모하는 꺼지지 않는 불꽃이 있다.

옛 시절의 향수를 달래는 곳

이 불꽃의 맞은편에 소피아 시립미술관의 정원이 보인다. 이 정원 광장에는 멀리서 보면 잡동사니가 가득 올려진 테이블 사이로 사람들이 지나가는 것처럼 보이는 앤티크 시장이 있다. 크지 않은 이 시장은 소피아 시에서 정말 특별한 장소이다.

광장의 사자상(사자는 불가리아를 상징하는 동물로, 불가리아 화폐 단위인 '레프'는 사자를 의미한다) ⓒ 채유정

1986년 소피아 시립미술관에서 주최한 '열린 아틀리에'가 이 시장의 시작이었다. 이후에 젊은 예술가들이나 무명의 화가들이 자신의 작

품을 보태어 팔기 시작한 것이 현재까지 시장으로 남아 있다. 이 시장은 불가리아가 불과 얼마 전까지 사회주의 국가였음을 상기시켜 주는 몇 안 되는 장소 중의 하나이다. 이곳에서 파는 물건들은 정말 다양하다. 어설픈 솜씨의 무명 화가가 그린 풍경화에서부터 공산주의를 상징하는 기념품까지 다양하게 구경하고 살 수 있다.

불가리아가 사회주의 국가였음을 떠올릴 수 있는 스탈린, 레닌과 지브코프(1989년까지 불가리아 공산당 서기)의 초상화뿐 아니라, 시대가 변했음을 보여 주는 오바마, 푸틴의 초상화나 인형을 볼 수도 있다. 독일제와 러시아제 앤티크 카메라, 어느 군인의 어깨에 붙어 있었을 견장이나 훈장에서 옛 시절의 향수를 달랠 수도 있다.

다른 한 귀퉁이에서는 불가리아의 다양한 이콘화를 팔고 있다. 9세기 보리스 황제 시대에 기독교를 수용한 불가리아는 오늘날까지 정교를 국교로 하고 있으며 약 60%의 인구가 정교를 믿고 있다. 꼭 종교적인 측면이 아니더라도 불가리아인에게 이콘화는 정체성과 믿음의 상징이며, 역사적으로 암울했던 시기를 함께 견디게 해 준 버팀목이다.

신앙의 의미가 아니더라도 집집마다 벽에 한 점 정도의 이콘화를 걸어 두는 불가리아인이 많다. 주말마다 예배를 하지는 않아도 자가용 안이나 지갑, 가방 속에 이콘화를 넣고 다니는 사람을 흔히 볼 수 있다.

불가리아 민족 정체성의 상징, 이콘화

이콘화(ikonopis)는 ikona(성상, 聖像)에 izpisvam(그리다, 표현하다)이 더해진 말로 동방 정교의 종교화를 주로 일컫는다. 이콘화는 3~5세기 카타콤베라고 불리는 지하 묘지에 그려진 이콘에서 그 기원을 찾을 수 있다. 고대로부터 그리스인들은 어떤 이미지 속에 신비롭고 마술적인 속성이 내재하고 있는 것으로 생각하고 있었으며, 자신들의 인간적인 면모와 유사한 신들을 묘사한 이미지가 실제의 힘을 갖고 있다고 믿었다. 이러한 사상이 비잔틴의 이콘에 내재된 것이다.

이콘이 '우상숭배'의 오명에서 벗어나 동방 정교의 교리신학 속에 통합되는 과정은 기독교 형성 전후의 오랜 역사와 문화를 배경으로 하고 있다. 비잔틴 제국은 313년 기독교를 국교로 공인한 후부터 이미지의 법률적인 대리물의 속성을 기독교적인 이미지, 즉 신성의 체현과 같은 기독교적 상징물의 특성으로도 인식하기 시작했다. 이러한 비잔틴 이콘화의 양식은 불가리아, 세르비아, 러시아, 루마니아 등 주변국의 이콘화에 많은 영향을 주었다.

불가리아 이콘화의 전통은 864년 황제 보리스 1세가 기독교를 수용한 지 거의 한 세기가 지나서 생겨났다. 초창기에는 주로 비잔틴 제국의 이콘화 양식을 그대로 계승하다가 불가리아적인 전통이 조금씩 혼합되기 시작했다.

불가리아가 플리스카(681~893)로 수도를 옮기고 다시 프레슬라프(893~972)로 천도한 긴 시간 동안 불가리아의 이콘화 전통은 더욱 독특한 고유의 기법을 더하게 된다. 그중 가장 대표적인 것이 20세기에 발견된 이콘 '성 테오도르 스트라틀라트'이다.

이는 단단한 나무 판에 금박이나 색깔을 더해 바탕을 드러내는 다분히 비잔틴적인 전통에서 벗어나, 서아시아에서 유행한 도자기 기법을 이콘에 가미한 것이다. 자기를 퍼즐처럼 제작하여 하나의 형상을 완성하지만, 밝고 경쾌한 바탕 색감을 더한, 이전에는 없던 새로운 형태의 이콘화였다. 그러나 깨지기 쉬운 도자기라는 재료의 특성으로 인해 오늘날까지 남아 있는 작품은 거의 없다.

이후 12~14세기 제2불가리아 왕국 시기에 이콘화는 다시 한 번 새로운 양식의 변화를 맞이했다. 이 시기에는 민중적 스타일의 보다 대중적인 이콘화와 귀족을 중심으로 한 궁정 스타일의 이콘화, 두 가지 스타일이 있었다. 특히 궁정 스타일은 비잔틴 팔라이올로고스 왕조 예술의 영향을 받은 보수적인 터르노보 학파의 귀족적인 스타일이 유행했다.

14세기 말부터 약 500년간의 오스만 제국 지배 시기에 이콘화는 기독교, 슬라브 문자와 함께 불가리아인의 정체성을 느끼게 해 준 중요한 요소였다. 오스만 제국으로부터 벗어나기 위한 부흥 운동을 하던 이 시기에 이콘화는 보다 민중적인 색채를 강하게 띠었다.

릴라 수도원의 밝고 경쾌한 색상의 이콘화 ⓒ 채유정

밝고 선명한 색채를 사용하고, 시대에 맞는 의상을 입은 인물을 배치하고, 불가리아 역사 속에 등장하는 왕이나 성인의 모습을 형상화한 이콘화가 많아졌다. 또한 이콘을 그림뿐 아니라 목각으로 하여 이코노타시스(성화로 된 벽, 제단 쪽에 병풍처럼 마련되어 있는 이콘을 거는 곳)나 설교단, 교회의 문을 장식하기도 했다.

이콘화의 독특한 기법

제2차 니케아 공회의(787년)는 구세주와 하나님의 어머니, 천사들, 성인을 묘사한 이콘화를 공경하는 것이 기독교 믿음의 도그마(기독교적 진리)를 실현하는 것이라고 선언했다. 따라서 이콘화는 항상 신학적 의미에 부응하면서도 예술적 이미지와 품격을 유지할 수 있어야 한다. 그리하여 이콘화는 가장 보수적인 예술로서(예술이 인간의 생각과 상상을 펼치는 도구라고 생각한다면 '보수적인 예술'이란 용어는 이치에 맞지 않을 수도 있지만) 표현에 제약이 있었다.

예를 들면 개별 성인을 표현할 때 포즈는 어떠해야 한다든가, 성경의 다양한 주제를 표현하기 위해서는 어떤 조성물을 배치해야 하고, 어떤 색상을 써야 하며, 어떤 회화 기법으로 그려야 한다는 등의 제약이 많았다.

먼저 이콘화의 바탕이 되는 보드는 비잔틴 시기에는 사이프러스 나무로 만들거나 러시아에서는 소나무로 만들었다. 위에는 석고를 살짝 입히거나 미세한 금박을 씌우기도 했다. 그림 위에는 아마씨유로 광택을 내어 색깔을 보호하고 프레임은 금과 은이나 보석 장식으로 화려하게 만들기도 했다.

이콘화는 대개의 경우, 일반적으로 알려진 인체의 비율을 의도적으로 위반한다. 전체적인 포즈는 감상하는 이의 시선보다 좀 더 높게 하여 이콘화가 감상자를 굽어보는 시선 처리가 많다. 이콘화의 인물은 보다 날씬하게 묘사되고 손가락과 손톱은 길게 처리된다. 얼굴과 손을 제외하고는 특별한 의도가 없는 이상 대부분 옷에 가려지는 경우가 많다. 얼굴은 실제 인체보다 길고, 이마는 높게, 코와 입은 작게, 눈은 실제보다 크고 길게 묘사한다.

풍모도 이콘화가 묘사하는 대상에 따라서 엄격하게 제한이 된다. 예를 들면 성 요한 크리소스토무스('황금의 입'이라는 별칭을 가질 정도로 기독교 교리 설파에 힘을 썼다)는 금발의 머리와 짧은 수염으로 표현해야 한다. 또 성 바실리우스('카이사레아의 바실리오'로 쓰기도 한다)는 검은 머리와 지적인 면모가 풍기는 긴 수염으로 표현한다.

성 바실리우스의 이콘. 마케도니아 오흐리드의 성 마리아 수도원에 있다. ⓒ 채유정

성 요한 크리소스토무스의 이콘. 터키 이스탄불의 하기야 소피아(Hagia Sophia) 성당에 모자이크 형식으로 되어 있는 이콘으로 '황금의 입'이라는 별칭에 걸맞게 화려한 금색이다. ⓒ 채유정

이콘화에 들어가는 색깔 역시 영적인 표현의 상징으로 사용되었다. 예를 들면 금색은 하나님의 빛, 흰색은 그리스도의 순결, 푸른색은 하나님의 말씀, 녹색은 젊음과 생기 등을 상징한다. 성모 마리아와 그리스도의 옷은 푸른색으로 묘사되고, 때로는 성모 마리아의 옷이 보라색으로 묘사되기도 한다. 배경은 균등하게 표현되며 어떠한 경우에도 그림자를 넣지 않고 광대뼈나 코를 밝게 해 명암을 표시할 뿐이다.

누가 내 기도를 들어줄까?

사람들은 좌절하는 순간에 기도를 하기 시작한다. 불가리아인들은 이콘화 앞에서 기도를 한다. 이콘은 그리스도 이콘, 성모 마리아 이콘, 삼위일체 이콘과 성자 이콘 등 다양하지만, 여기에서는 불가리아에서 영험(?)하다고 소문난 이콘화를 몇 가지 소개한다.

1. 트로얀 수도원의 성 모자 이콘

성모 마리아를 주제로 하는 이콘은 슬라브인들에게 가장 사랑받는 이콘이 아닐까 한다. 슬라브족은 대지를 어머니로 간주했을 정도로 어머니에 대한 경외심을 갖고 있었으며 더구나 대부분의 슬라브족 민중들이 이교도적인 자연신과 융합된 '이중 신앙' 체계를 바탕으로 하고 있었으므로 성모 마리아 이콘은 더욱 인기가 있었다.

트로얀 수도원은 불가리아 중부 오레샤크(Oreshak)에 위치한 수도원으로 17~19세기에 지어졌다. 이 수도원은 다마스쿠스의 요한에게 일어난 기적과 연관이 있다. 그는 비잔틴 황제 레오 3세가 이콘화를 우상이라 하여 금지하자, 황제의 뜻에 반하는 주장을 해 미움을 샀다.

이때 황제는 벌로 그의 오른손을 잘라 버렸는데, 잘린 손을 들고 성모에게 기도하자 손목에서 다시 손이 자라는 기적이 일어났다고 전해진다. 다마스쿠스의 요한은 은으로 만든 손을 성모상에 봉헌했다고 한다. 그래서 이 수도원의 성 모자 이콘에는 은색으로 된 세 개의 손을 가진 성모가 있다. 이 이콘화의 기적으로 1837년 일어난 지진과 전염병에서 많은 사람들이 구원되었다고 하여 병의 치유를 바라는 사람들이 많이 찾는다.

2. 성 니콜라이 수도원의 이콘

소피아 시내의 한가운데 위치한 이곳에는 성 니콜라이의 이콘화가 있다. 이곳에 대한 전설은 비교적 최근에 생겨났다. 제2차 세계대전이 한창이던 1944년 1월 30일 독일 편에 섰던 불가리아에 미국이 대대적인 폭격을 가했다. 3,000여 개의 건물이 파괴되고 150여 명에 이르는 민간인이 사망한 소피아 시 폭격에서 대부분의 문화유적이 파괴된 가운데 성 니콜라이의 이콘이 그려진 벽만 무사했다고 한다.

30년 전에 은으로 된 손 장식이 추가된 이 이콘 앞에서 재앙이나 불운을 피하고 싶은 사람들, 혹은 결혼을 앞둔 커플이 많이 기도를 한다. 이 이콘이 엄청난 재앙에서 기적적으로 살아남은 것처럼, 힘들고 어려운 일이 닥치겠지만 결혼 생활을 무사히 지켜 내려는 커플들의 바람을 들어주고 있다.

퇴출 위기의 시장과 존속을 바라는 상인들

2008년 11월, 소피아의 이 작은 시장은 한 차례 위기를 겪었다. 시장 상인들의 계약이 갱신되지 않아 이 지역을 떠나라는 통지를 받은 것이다. 상인들은 탄원서를 만들어 소피아 시청에 제출했다. 2제곱미터 자리마다 150레바(80유로가량)를 세금으로 내야 하는데 거의 150여 개에 이르는 노점이 이 세금을 지불할 예정이므로 계약을 유예해 달라는 것이었다.

소피아 시는 이 시장이 넵스키 성당 광장에 위치해 있어 보행자의 통행을 방해한다는 이유로 해체하고자 했다. 이콘화와 예술품을 파는 상인들은 자리에 남고 다른 앤티크 제품을 판매하는 노점은 해체될 예정이었지만, 시장은 위기를 극복하고 아직 유지되고 있다.

시장이라는 것은 생명력이 있는 유기체와 같아서 때로는 번성하기도 하고 때로는 쇠퇴하기도 한다. 오늘날 넵스키 성당 앞의 시장은 예전처럼 많은 사람들의 이목을 끄는 곳은 더 이상 아니다. 3월 1일 바바 마르타(겨울이 끝나고 봄이 오는 것을 축하하는 불가리아 명절), 노동자의 날(5월 1일), 크리스마스를 제외하면 한가한 관광객만이 이곳을 배회할 뿐이다.

골동품과 축제가 하나로 어우러진 공간

아르헨티나 부에노스아이레스 산텔모 시장

서성철

산텔모는 부에노스아이레스의 가장 유서 깊은 지역이다

위치	아르헨티나 부에노스아이레스
형성 시기	1897년
상품 종류	고가구, 고미술품, 골동품, 민예품, 현대미술품, 농수산물 등
거래 단계	도매
개설 주기	상시

산텔모, 정확히 말하면 뱃사람의 수호신 성 베드로의 이름을 딴 '산페드로 곤살레스 텔모(San Pedro Gónzalez Telmo)'는 면적 1.3km^{2}의 작은 구역으로서 부에노스아이레스에서 가장 오래된 지역이다.

17세기에 벽돌공이나 부두 노동자들이 살던 곳으로 일찍부터 제분 공장, 벽돌제조 가마, 물품보관 창고들이 있었다. 특히 아르헨티나에 목축업이 성행하면서 양모나 가죽, 가죽 제품을 보관하는 창고가 즐비했었다. 아르헨티나 최초의 산업 발흥 지역이라고도 할 수 있는 이 지역에 공장들이 많이 생기면서 아프리카 흑인 노예들이 대거 유입되어 노동을 했다.

고원이면서 좁은 골짜기에 위치해 있어 일찍부터 소외된 이 지역은 1708년이 되어서야 부에노스아이레스에 속하게 되었다. 가난한 사람들이 많이 살던 이곳을 주목한 예수회는 일찌감치 교회와 교육기관을 세우고 구제사업을 펼쳤다.

그러나 1767년 스페인 왕실의 방침에 따라 예수회가 라틴아메리카 전역에서 추방되면서 이들 역시 모든 활동을 중단하고 물러갔다. 1816년 아르헨티나가 스페인으로부터 독립하자 산텔모는 한동안 사람들의 기억에서 잊혔다.

이후 이 지역에 남아 있던 것이라곤 흑인들로 구성된 아르헨티나군 보병대의 병영과 독재자 로사스(Juan Manuel de Rosas, 1793~1877)의 비밀경찰 조직이던 '마소르카(Mazorca)'의 지하감옥뿐으로, 산텔모는 이후 30년간 외부 세계와 철저하게 단절된 공간이었다.

산텔모가 변모하기 시작한 것은 1852년 로사스가 권좌에서 쫓겨나고 신생 국가 아르헨티나가 탄생하면서부터였다. 근대화의 기치에 따라 이곳에 도로와 상하수도가 건설되고 병원이 세워졌으며, 가스, 전기가 공급되었다.

사람들이 많이 들어오면서 산텔모 시장(Mercado de San Telmo)이 건립되고, 주거지와 상가 건물이 세워지는 등 도시로서의 면모를 갖추기 시작했다. 그러나 한창 번영하던 산텔모는 1871년 황열병이 덮치면서 폐허로 바뀌고 만다. 만여 명 이상이 숨졌고, 이곳에 들어와 부를 축적했던 중산층은 산텔모 북쪽으로 이주했다.

이렇게 전염병이 휩쓸고 지나가면서 수많은 집과 건물이 텅텅 비게 되자 부에노스아이레스 시정부는 대대적인 도시계획을 시작했다. 국립역사박물관을 세우고, 프랑스의 도시공학자였던 샤를 타이에 의뢰해 박물관 옆자리에 공원을 조성했는데 '레사마 공원'이 바로 그것이다.

산텔모는 유럽 이민들로 인해 코스모폴리탄 문화의 중심지가 됐다

신생 공화국 아르헨티나는 19세기 말 인구 부족을 타개하기 위해 적극적인 이민 정책을 펼쳤고,

그 결과 유럽에서 많은 이민들이 몰려왔다. 1870년 당시 아르헨티나의 총인구는 200만 명이었는데 10년 후인 1880년에서 1900년 사이에 약 300만 명의 이민들이 이주했다.

1900년에는 160만 명의 부에노스아이레스 인구 중 1/3이 외국인이었다. 『엄마 찾아 3만 리』의 마르코 엄마가 이탈리아를 떠나 돈을 벌러 간 곳도 아르헨티나였다. 이렇게 유럽에서 밀려오는 이민들을 위해 부에노스아이레스 시는 부자들의 옛 저택을 부수고 그 자리에 서민용 아파트를 많이 건설했다.

그렇게 영국, 스페인, 이탈리아, 러시아 이민들의 집단 거주지가 형성되면서 산텔모는 부에노스아이레스의 다른 지역에서는 볼 수 없는, 다양한 문화의 민족들이 한데 모여 사는 중심지로 바뀌게 된다. 특히 러시아 이민들이 산텔모에 대거 유입되면서 1901년에 최초의 러시아 정교회 교회가 이곳에 세워졌다. 한편, 독일에서 온 유태인 이민들은 주로 산텔모 서쪽 지역에 거주했고, 이들에 의해 기술학교나 산업 시설이 많이 들어섰다.

산텔모가 지금의 산텔모 문화 구역으로 변모한 것은 바로 이 시기이다. 한 예로, 가수였던 에드문도 리베로는 이 지역의 채소 가게 건물을 구입해 탱고 음악홀로 바꾸었는데, 이를 통해 산텔모가 문화, 경제적으로 부흥하는 데 크게 기여했다. 이렇게 유럽 출신의 외국인들이 몰려들면서 때 아닌 코스모폴리탄의 이국적인 분위기가 생겨났고, 덩달아 유럽을 동경하고 그들의 문화를 부러워하던 아르헨티나의 예술가들도 이곳으로 흘러들어 왔다.

그러면서 다양한 문화 활동이 꽃을 피웠고 이를 계기로 1956년에는 '부에노스아이레스 현대미술관'이 개관했다. 1960년에는 이곳을 중심으로 활동하던 예술가들이 '산텔모 공화국(República de San Telmo)'이라는 이름의 조합을 결성해 다양한 예술 활동을 펼쳤다.

이런 역사·문화적 배경으로 인해 산텔모 주위에는 현대미술만 주로 취급하는 수많은 화랑, 전위예술 공간이 밀집되어 있다. 2005년에 부에노스아이레스 시정부는 이곳의 40여 개 화랑과 예술 공간을 한 번에 둘러볼 수 있는 야간 문화 프로그램을 만들어 아르헨티나인은 물론 외국인 관광객들도 밤마다 화랑 순례를 하게 되었다. 이제 산텔모는 기존의 팔레르모 지역을 능가하는 현대미술의 새로운 메카로 바뀌었다.

산텔모의 골동품들은 영광스러웠던 시대의 추억을 담고 있다

산텔모는 부에노스아이레스에서 아르헨티나의 전통을 가장 잘 드러내는 지역 중 하나라고 할 수 있다. 부에노스아이레스의 중심부에서 그리 멀지 않은 이곳은 탱고의 발상지인 카미니토(Caminito)와 쌍벽을 이루는, 많은 사람들이 찾는 명소다. 그러나 카미니토가 오로지 탱고의 흔적 외에 다른 것을 찾아 볼 수 없다면, 산텔모에는 아르헨티나가 세월을 두고 축적한 문화가 고스란히 녹아 있다.

이곳은 다른 어떤 지역보다 식민지풍의 건축물들이 잘 보존되어 있고, 산텔모 성당(Iglesia de San Pedro González Telmo)과 같은 역사적인 건물들이 즐비하다. 부에노스아이레스 시정부는 부자들의 대저택이 모여 있던 데펜사(Defensa) 거리를 정비하고 건물을 복원해 '산책의 거리'를 만들었고, 옛 아파트 주택들을 보수해 지금의 모습으로 바꾸어 놓았다. 이렇게 탄생한 19세기의 고풍스런 건물들, 앤티크숍, 패션숍, 레스토랑, 카페테리아 등이 돌길을 따라 들어서 있는 산텔모는 이곳을 찾는 사람들에게는 더할 나위 없이 매력적인 장소이다.

특히 골동품 가게의 내부를 들여다보면 아르헨티나가 한때 얼마나 번영을 누렸는지 능히 짐작할 수 있다. 19세기 말에서 제1차 세계대전까지의 기간 중 아르헨티나는 농산물과 냉동육의 활발한 수출로 세계 5위의 경제대국에 오른 적이 있었다. 이렇게 번 돈으로 그들은 레일을 깔고, 전화를 개설하고, 라틴아메리카 최초로 지하철을 개통(1913)

하는 등 근대화를 통해 부에노스아이레스를 유럽의 유명 도시와 비교해 손색이 없는 대도시로 만들었다.

그러나 문화적 열등감이 있었던 아르헨티나인들은 유럽 문화, 특히 프랑스 문화를 열심히 모방했다. 이 시기의 세계 3대 오페라 극장 중 하나로 손꼽혔던 콜론 극장(1908)을 위시해 다양한 프랑스풍의 건축물들이 세워졌는데, 부에노스아이레스가 남미의 파리라고 불리는 것은 바로 이런 이유에서였다.

아르헨티나인들이 자랑하는 콜론 극장 ⓒ 서성철

그들은 건축뿐 아니라 의복, 생활 양식, 문학, 심지어 죽음조차 유럽을 모방했다. 산텔모에서 그리 멀지 않은 곳의 레콜레타(Recoleta) 묘지는 그 크기나 호화로움 때문에 사람들이 많이 찾는 장소다. 아마도 묘지가 관광지가 된 곳은 여기 말고는 없을 것이다.

레콜레타 묘지 ⓒ 서성철

한편 유럽을 동경했던 대농장주, 냉동업자 및 부유한 상인들은 문화적 열등감을 해소하려는 듯, 유럽으로 몰려가 비싼 가구, 그림, 조각품, 도자기, 은수저, 은쟁반, 샹들리에, 촛대 등을 너도나도 구입해 자신들의 대저택을 장식했다.

어느 한 나라가 골동품을 많이 가지고 있다는 사실은 그 나라가 한때 부유했다는 것을 증명하고, 이와 동시에 골동품이 시장에 매물로 많이 나와 있다는 것은 경제 부침이 빈번했다는 증거라고 할 수 있다. 아르헨티나가 여러 차례 경제 위기를 겪으면서 부자들이 간직했던 물건들이 시장으로 쏟아져 나왔는데 지금 산텔모 시장에서 볼 수 있는 골동품들이 바로 그런 것들이다.

산텔모 시장은 유럽 이민들에게 생필품을 공급하기 위해 열렸다

세계에서 가장 폭이 넓다는 누에베 데 훌리오(9 de Julio) 거리에 우뚝 서 있는 오벨리스크에서 몇 분만 걸어가면 산텔모 시장 건물이 나온다. 이탈리아 출신 건축가였던 안토니오 부스치아초가 설계한 이 건물은 아치형의 전면과 철제 빔, 중앙에 돔형의 유리 천장을 가진 전형적인 이탈리아풍 건물이다. 처음 건축되었을 때의 원형을 여전히 간직하고 있다. 부에노스아이레스에서 가장 오래된 시장인 이 건물은 2000년 시정부에 의해 '국립역사기념물'로 지정되었다.

산텔모 시장은 1897년 부에노스아이레스로 밀려드는 유럽 이민들에게 생필품을 공급하기 위해 문을 열었다. 이 시장은 일반 식품 가게와 골동품 및 옛 물건들을 파는 가게들로 나뉘어 있다. 건물 중심부에는 주로 야채와 형형색색의 과일들, 그리고 다른 곳에서 구할 수 없는 파타고니아식 파스타 재료 및 모든 종류의 향신료, 소시지와 순대, 그리고 생선과 해산물을 파는 가게, 소, 돼지, 닭 등 육류를 파는 정육점과 빵집, 그리고 주변으로 청동제 주전자, 옛 사진기와 축음기, 열쇠, 민예품, 디스크, 오래된 장난감과 골동품 등을 파는 가게들이 죽 이어져 있다.

이 시장에 발을 들여놓는 순간, 시간은 멈추고 사람들은 과거로 돌아간다. 물건을 살까, 그냥 구경만 할까 망설이지만 이곳에서 마음에 드는 물건 하나를 취하는 것도 삶의 특별한 경험이 될 수 있다. 그리고 이 시장에서 아르헨티나인들이나 외국 관광객은 하나가 된다. 지금도 이 건물은 시장 본연의 기능을 하고 있지만 수많은 사람들이 몰려들면서 한 번쯤 꼭 둘러봐야 할 관광 명소로 자리를 잡았다.

건물 입구와 그 주변엔 간이 야채상과 주류상, 레스토랑, 그리고 유명한 산페드로 텔모 같은 바가 늘어서 있다. 이 시장은 일주일 내내 여는데 일요일 오후 2시 이후에는 사람들로 북적여, 여유롭게 둘러보고 싶다면 이 시간을 피해 가는 것이 좋다.

또 한 가지, 산텔모 시장은 초기의 시장 정신이 아직 남아 있어서인지 대부분의 가게들에서 현금만 받고 카드는 통용되지 않는다. 바가지는 없지만 물건 값을 적당히 깎을 수는 있다. 알맞은 가격에 물건을 사고 안 사고는 전적으로 구매자의 흥정에 달려 있다. 시장을 한번 둘러본 다음, 건물 주위의 커피숍에 들어가 유럽풍의 고풍스런 테이블에 앉아 아르헨티나 최고의 전문 바리스타가 타 주는 이곳만의 특별한 커피를 즐기고 나면 일단 산텔모 시장의 여정은 끝난다.

산텔모의 노천시장은 장사와 축제가 어우러진 관광 명소로 자리 잡았다

무엇보다 산텔모를 지금의 산텔모로 유명하게 만든 것은 산텔모 시장(Mercado de San Telmo)과는 별도로 매주 일요일에 열리는 야외시장인 '페리아(Feria)'라고 할 수 있다. 산페드로 텔모(San Pedro Telmo) 골동품시장, 또는 벼룩시장으로 알려진 이 노천시장은 유럽의 벼룩시장을 모방해 만들어졌다.

산텔모 일요시장의 모습 ⓒ shutterstock

부에노스아이레스 시 국립역사박물관은 1970년 산텔모의 문화유산을 보존하고 이곳에 활기를 불어넣기 위해 장사와 축제라는, 실용과 문화를 하나로 아우르는 '페리아'를 계획하고 조직했다.

여기서 취급하는 품목은 장식품, 보석, 은세공품, 향수, 가죽 제품, 옛 지폐와 동전, 우표, 뮤직박스, 스티커, 청동제 용기, 도자기, 인형, 프로젝터 및 필름, 시계, 그림, 고서, 접시와 식기, 항아리와 골동품 등 다양하다.

최초에 30개의 조립식 가설 노점으로 시작한 이 노천시장은 현재 노점 수가 약 300여 개에 이른다. 이곳에서 노점상을 차리는 것은 여간 까다로운 일이 아니다. 노점 자리 하나가 비면 추첨을 통해 운 좋게 뽑혀야 한다. 대개 이런 경우는 노점 주인이 죽거나 더 이상 이 일을 하지 않을 때다. 노점 진열대에 놓을 수 있는 골동품들은 1970년대 이전의 것이어야 한다. 이것 말고도 세세한 규정들이 있는데, 노점 주인은 2시간 이상 자리를 비우면 안 되고, 필히 보조 인원 하나를 두어야 한다. 그리고 노점은 반드시 10시에 설치하고 오후 5시에는 걷어야 한다.

만약 이 사항을 지키지 못하면 강제로 퇴거당하게 된다. 누군가가 규정을 지키지 못하면 3년 동안 이곳에 들어와 영업을 할 수 없다. 한편 이곳에 진출한 노점상들은 3년마다 추첨을 해 장소를 이동한다. 상인들 간의 자리 다툼을 방지하고 불만을 해소하기 위해서다.

벼룩시장의 주관 기관인 국립박물관 측이 이렇게 엄격한 규정을 적용하는 이유는 산텔모 시장이 싸구려 시장으로 전락하는 것을 막기 위해서다. 동시에 이 지역만의 특별한 문화상품의 가치와 브랜드를 일관되게 유지해 외국인들로부터 좋은 평판을 받고, 궁극적으로 아르헨티나의 이미지를 높이려는 이유에서다.

이런 취지에서 어떤 때는 노점상들로 하여금 가장무도회의 복장을 하게끔 하거나, 특색 있는 물건들을 진열하고 아름답게 꾸민 노점상에 상을 수여하는 등 축제의 질을 높여 가고 있다. 어떤 노점상은 매주 한 종류의 물건만 판다. 예를 들어 어떤 일요일에는 항아리 용기만 크기에 관계없이 똑같은 가격으로 파는데 이는 수집가들로부터 좋은 반응을 얻고 있다. 게다가 요즘에는 이런 간이 노점들도 예쁘게 디자인한 봉지를 자체적으로 준비해 홍보 효과를 높인다.

탱고와 길거리 음식, 온갖 공연들이 어우러지는 산텔모는 축제의 장이다

매주 일요일 산텔모 벼룩시장은 사람들로 인산인해를 이룬다. 장사꾼들의 왁자지껄한 소리, 거리의 악사들이 내지르는 음악 연주 속에서, 옛 카메라와 촬영기, 가우초[1]의 모자나 말안장, 마테차 용기, 탱고의 제왕인 카를로스 가르델이나 체 게바라, 비틀즈 멤버의 사진, 여행용 가죽 가방, 청동제 주방용기, 옛 소다수병, 각종 접시와 앤티크 복제품, 심지어 중국산 싸구려 물건들도 볼 수 있다.

아르헨티나 국민차라고 할 수 있는 마테차 용기와 빨대(bombillo)가 진열되어 있는 모습
ⓒ 서성철

1 남미 목축지대인 팜파스의 주민, 혹은 목동

한편, 허가 없이 장사를 하는 좌판상들도 수두룩하다. 무명 화가들은 자신들이 그린 그림을 팔고, 여러 다양한 국적의 히피 청년들도 이곳으로 흘러 들어와 손수 만든 안데스 민예품들을 팔고 있다. 한마디로 이곳에는 사람의 눈길을 끌거나 호기심을 불러일으킬 만한 물건들은 다 있다고 보면 된다.

이렇게 눈요기를 실컷 하다가 도레고(Dorrego) 광장을 들어서면 이곳의 터줏대감인 노인 커플의 탱고 추는 모습이 제일 먼저 눈에 들어온다. 비싼 고급 옷이었을 것 같은 그들의 낡고 바랜 옷차림에서 한때의 풍요로움과 함께 지나간 과거의 향수를 느낄 수 있다.

대단히 화려한 것처럼 인식되어 있지만 사실 탱고는 가난한 사람들의 서글픈 춤이고 초기에는 남자들만 추던 춤이었다. 일자리를 잃고 도시로 흘러 들어온 시골 촌놈인 가우초와 가난한 유럽 이민자들은 여자 없는 남자들만의 도시, 보카(Boca) 항구의 싸구려 술집이나 매음굴에서 서로 만났고, 그곳에서 서로를 확인하면서 탱고가 탄생했다. 그래서 탱고는 이들의 향수와 좌절, 허무와, 불안을 이야기해 준다. 그러나 탱고는 여전히 '다리 사이의 전쟁'이고 섹스의 은유로서, 관능과 에로티시즘을 말하는 두 몸의 대화라고 할 수 있다.

탱고 추는 사람들 ⓒ shutterstock

이렇게 한편에서 탱고를 추는 사람들이 있다면 광장 주위의 파리풍 야외 카페에서 크루아상에 커피를 마시는 사람, 아니면 빨대로 마테차를 빠는 사람, 아르헨티나 전통 치즈를 곁들여 맥주를 마시는 사람, 말벡(Malbeck) 와인에 연하고 부드럽기 그지없는 소고기를 써는 사람들이 보인다. 이들은 이렇게 각자의 음식을 음미하면서 길거리에서 벌어지는 다양한 이벤트를 함께 맛본다.

산텔모 벼룩시장은 단순한 시장이 아니라 하나의 축제이다. 매주 일요일 다양한 문화행사가 펼쳐진다. 이 점이 바로 산텔모 벼룩시장이 유럽의 벼룩시장에 비해 보다 매력 있고 활기찬 이유일 것이다. 길거리 곳곳에서 거리의 악사, 소규모 밴드가 음악을 연주하고 춤꾼, 마술사, 꼭두각시 인형사들이 각종 퍼포먼스로 재능을 발휘하면서 사람들을 끌어모은다.

마네킹과 춤을 추는 사람 ⓒ 서성철

또 하나, 이곳의 매력 중 하나로 빼놓을 수 없는 것이 길거리 음식이다. 거리를 걷다 보면 어느새 군침을 돌게 하는 엠파나다(empanada)

초리판의 모습. 초리판(choripan)은 초리소(chorizo)라는 소시지에 빵(pan)을 합친 합성어로서 초리소를 이등분한 뒤, 양념을 곁들여 빵과 함께 먹는다. 출처: (cc) fabulousfabs at wikimedia.org

엠파나다의 속 모습. 밀가루로 만든 피에 잘게 썬 소고기나 닭고기, 아니면 야채나 감자를 넣어 프라이팬에 구운 만두 비슷한 음식 출처: (cc) San Telmo Loft at flickr.com

빵,[2] 초리판(choripan),[3] 구운 고기 냄새가 사방을 진동한다. 또 여기저기서 커피와 마테차, 음료수를 파는 행상들도 자주 눈에 띈다.

산텔모는 향수와 서글픔, 희망과 낙관이 교차하는 공간이다

우리에게는 탱고로 알려진 나라, 광활한 초원인 팜파스[4]의 나라, 좋은 땅에서 수확된 밀과 소고기, 가죽 제품을 유럽에 수출해 번영한 나라, 그러나 반복된 경제적 추락으로 '아르헨티나 병'이라는 부정적 단어를 전 세계에 퍼뜨린 나라. 이런 번영과 쇠락의 두 모습이 함축적으로 드러나는 곳이 바로 산텔모 시장이다.

산텔모 앤티크숍의 값비싼 고가구들이나 그림에서 우리들은 번영을 누렸던 한 시대의 모습을 볼 수 있고, 길거리 가게에 걸린 가르델

2 반죽 안에 다양한 속 재료를 넣고 반죽을 반으로 접어 굽거나 튀긴 스페인의 전통 요리
3 소고기 소시지를 넣어서 먹는 샌드위치
4 아르헨티나를 중심으로 하는 대초원. 인디오 말로 평원(平原)을 뜻한다.

(Carlos Gardel, 1887~1935)[5]의 흑백 사진이나 LP판과 흑백 포스터 사진에서는 1900년대 벨에포크(Belle Epoque)[6]의 향수를 느낄 수 있다. 그리고 낡은 녹음기 음악 소리에 맞춰 나이 든 한 쌍의 남녀가 추는 탱고에서 과거의 영화와 서글픔, 퇴폐적인 분위기를 동시에 느낄 수 있다.

그러나 이곳은 동시에 떠들썩하고 활기찬 축제의 모습 속에서 희망과 낙관이 공존하는 곳이다. 이런 점에서 산텔모 시장은 단순한 시장이라기보다 아르헨티나의 역사와 문화, 삶이 집적된 공간이라고 할 수 있다.

5 아르헨티나의 탱고 가수이자 작곡가

6 '좋은 시대'라는 뜻. 문화예술이 절정에 달했던 19세기 말에서 20세기 초의 파리를 지칭하는 말

천 년을 간직한 도시의 문화유산

모로코 페스 가죽시장

공윤경

천 년을 간직한 도시 페스(Fès)에 가다

위치	모로코 페스 메디나
형성 시기	1,000여 년 전
상품 종류	가방, 지갑, 의류, 방석, 모로코 전통 신발, 전통 슬리퍼 등 다양한 가죽 공예품
거래 단계	도·소매
개설 주기	상시

모로코에 있는 4개의 황제도시(페스, 라바트, 메크네스, 마라케시) 중 가장 오래된 도시가 바로 페스이다. 페스는 메디나(medina, 구시가지)라고 부르는 페스 엘 발리(Fès el-Bali), 13세기에 만들어진 페스 즈디드(Fès Jdid) 그리고 프랑스가 식민통치 시절에 세운 신시가지 빌 누벨(Ville Nouvelle) 이렇게 3개 지역으로 나눌 수 있다. 하지만 흔히 '페스'라고 하면 메디나를 지칭하는 경우가 많다.

789~808년 이드리스 왕조의 수도가 된 이후로 페스는 사하라 및 아프리카, 지중해를 연결하는 무역의 요지로서 상공업이 발달하였다. 메디나에는 여러 지역, 여러 나라 출신 상인들의 근거지로 활용되었던 폰둑(fonduk, 도매상점 겸 여관)이 들어서게 되었고 아직도 남아 있다. 또한 세계에서 가장 오래된 대학인 카라윈 모스크, 안달루시아 모스크 그리고 세파리네, 아타리네, 부 이나니아와 같은 마드라사(madrasa,

페스 메디나 전경. 초록색 지붕의 모스크가 보인다. ⓒ 공윤경

이슬람의 고등교육시설로서 신학교와 비슷함) 등을 중심으로 학문, 종교, 문화의 거점 역할을 하였다.

이 때문에 페스의 메디나는 이슬람 문화권에서 가장 크고 동시에 보존이 잘된 역사도시 중 하나로 손꼽힌다. 1981년 유네스코 세계문화유산으로 지정되었고 사람들의 발길이 끊이지 않는 대표적인 관광지이다. 1912년 행정수도가 페스에서 라바트로 옮겨졌지만 여전히 페스는 모로코의 정신적, 종교적 수도이며 '모로코의 정신적 고향', '천 년을 간직한 미로의 도시'로 불리고 있다.

미로의 도시 메디나를 걷다

메디나를 감싸고 있는 성벽의 길이는 약 16㎞이고 문은 18개가 있다. 그중에서 1913년에 세워진 부즐루드 문(Bob Boujloud)은 메디나의 관문으로 불리는데 메디나 바깥 면에는 페스를 상징하는 푸른색 타일로, 안쪽 면에는 이슬람을 상징하는 초록색 타일로 아라베스크 무늬가 장식되어 있다. 밖에서 보이는 색이 푸른색이기 때문에 '블루 게이트(Blue Gate)'라고 부르기도 한다. 메디나에는 영어, 불어 등으로 메디나를 안내하는 공식 가이드가 있다. 길에서 접근하는 사람들은 비공식 가이드로서 대부분 호객꾼들이다.

초록색 타일로 장식된 부즐루드 문(좌)·푸른색 타일로 장식된 부즐루드 문(우) ⓒ 공윤경

9,000여 개의 골목으로 이루어져 있는 메디나는 세계 최대의 미로로 불린다. 좁은 길들은 어떤 계획도, 일정한 논리도 없이 제멋대로 얽혀 있고 막다른 길로 끝을 맺기도 한다. 이런 구조는 살기 좋은 환경보다 강렬한 햇빛이나 적의 침입에서 생존을 고민한 결과였다. 특히 좁은 골목길의 메디나는 적군이 침입했을 때 길을 잃게 만드는 게릴라 전법에 적합하다. 직선 대로가 아닌 구불구불하고 좁고 미로 같은 길은 적의 침입에서 보다 효율적으로 자신을 보호할 수 있기 때문이다.

페스의 메디나는 크게 2개의 지역으로 나뉘는데 하나는 8세기경 스페인 안달루시아에서 온 사람들이 사는 지역이며 다른 하나는 튀니지 카라윈에서 온 사람들이 사는 지역이다. 그 사이로 우에드 짓꾼(Oued Zitoune, 올리브의 하천이라는 뜻임)이 흐르는데 지금은 복개되어 있다. 각 지역의 중심부에는 안달루시아 모스크와 카라윈 모스크가 있다. 신성한 종교 공간인 모스크와 마드라사는 초록색으로 높이 솟아 있어 멀리서도 알아볼 수 있다.

각각의 모스크 근처로 전문화된 시장이 조밀하게 형성되어 있으며 시장에서 벗어나 골목길을 걷다 보면 상대적으로 한적한 주거지가 나타난다. 골목길은 별도의 담장 없이 주거 건물의 외벽들로 이어져 있다. 각 주거 구역마다 작은 모스크, 빵 굽는 집, 함맘(hammam, 공중목욕탕), 코란학교(초등학교), 공동 수도가 있는데 이는 공동으로 운영되고 구역 주민들에 의해 공유되고 있다.

모스크와 시장의 공공성과는 정반대로 주택은 골목 쪽으로 창문도 거의 내지 않는 폐쇄적인 형태이다. 사생활 보호를 위해 주택의 출입구는 서로 마주하지 않도록 배치되고 창문은 사람의 눈높이보다 훨씬 위에 있다. 하지만 대문을 열고 안으로 들어가면 폐쇄적인 느낌은 사라진다. 가운데 중정(中庭)과 같은 공간이 있기 때문이다. 이곳은 좁고 어두운 골목길과 다닥다닥 붙어 있는 주택들 사이에서 햇빛이 비치는 밝은 공간으로 가족의 공동 생활이 이루어지는 곳이다. 옛날에는 위쪽으로 뚫려 있었겠지만 지금은 유리 지붕이 설치된 경우가 많다.

메디나의 대표적인 숙박시설은 리아드(riad)라고 부르는 전통 주택이다. 대부분의 리아드는 3~4층의 규모로 일반 주택과 외관상으로 거의 구별이 어렵지만 입구에 이름이 적힌 작은 간판이 있기도 하고

메디나 전통 주택 리아드(riad). 3~4층 주택의 위쪽에는 유리 지붕이 설치되어 있고, 한가운데 햇빛이 비치는 중정이 있다. ⓒ 공윤경

대문이 다소 화려하기도 하다. 리아드의 중정은 화초, 분수, 가구 등으로 화려하게 꾸며져 거실이나 식당으로 사용된다. 리아드에서는 메디나의 전통적인 주택 구조, 주거문화를 느낄 수 있고 따진, 쿠스쿠스와 같은 전통 음식을 경험해 볼 수 있다.

전통 방식 그대로의 가죽 무두질 작업장과 가죽시장

가죽시장은 메디나의 전통시장 중에서도 전문화된 곳이다. 하지만 가죽 제품을 파는 시장보다 무두질과 염색 과정을 1,000년이 넘도록 옛 방식 그대로 이어 오고 있는 가죽 무두질 작업장이 더 유명하다. 대부분의 사람들이 알록달록한 팔레트와 같은 작업장을 보기 위해 페스의 메디나를 찾는다고 해도 과언이 아니다. 무두질 작업장에서는 모든 공정이 전통적인 방식으로 이루어지고 원료 또한 자연에서 생산된 것만 사용하기 때문에 세계 최고 품질의 가죽 원단을 생산한다고 알려져 있다.

동물의 생피는 부패하기 쉽고 물에 담그면 팽창한다. 또한 마르면 뻣뻣해지기 때문에 가죽으로 만들기 위해서는 반드시 무두질이 필요하다. 무두질(tanning)은 '동물의 생피를 가죽으로 만드는 일'을 뜻하는 용어로, 동물의 생피를 물에 깨끗하게 씻고 털, 지방이나 살 조각 등 불필요한 성분을 제거하고 유제(鞣劑)를 흡수시켜 사용하기 편리한 상태로 가공하는 작업이다.

일반적으로 무두질 작업장은 물을 공급받고 또 오수를 처리하기 위해 하천을 끼고 있는 경우가 많다. 또한 도시의 중심부에서 멀리 떨어진 주변부에 위치한다. 심한 악취, 비위생적 환경 그리고 고된 노동으로 인해 주로 하층민들이 일하던 곳이었기 때문이다. 무두질 노동자들은 주로 작업장 인근에 거주하며 대부분 남성에 의해 가업으로 이어진다.

페스는 예로부터 가죽 무두질을 해 왔고 특히 염색 기술이 뛰어났다. 물 담는 부대, 가방, 마구(馬具), 갑옷, 화살통, 칼집, 부츠나 샌들 등에 일찍부터 가죽을 이용하였던 탓이다. 페스 메디나에 무두질 작업장과 가죽시장이 처음으로 만들어진 것은 8세기 후반 페스의 도시 건설이 시작된 시기였을 것이다. 도시 건립 초기부터 페스는 시리아의 다마스쿠스, 이라크의 바그다드, 튀니지의 카라윈, 스페인의 안달루시아 등 세련된 도시문화와 문물의 영향을 받았다. 이후 11~12세기, 14~16세기경 수공업과 광범위한 국제 무역을 바탕으로 북서부 아프리카의 상공업 중심지로 발전하면서 가죽 작업장과 시장은 더욱 활발해졌을 것으로 추정된다. 이 당시 페스는 남쪽으로는 사하라와의 통상 무역 집산지였으며 동쪽으로는 메카로 이동하는 순례 통상로와 북아프리카 연안 통상로를 잇는 중요한 거점의 하나였기 때문이다.

페스는 예로부터 가죽 세공이 뛰어났다. 자연산 원료를 전통적인 방식으로 가공하여 가방, 신발, 화살통 등의 최고급 가죽 제품을 만들어 왔다. ⓒ 공윤경

메디나의 무두질 작업장을 불어로 태너리(tannerie)라고 부르는데 '태너리'라는 용어는 나무껍질에서 추출한 식물성 탄닌(tannin)으로 무두질을 했던 것에서 유래된 말이다. 메디나에는 3개의 태너리가 있는데 그중 슈아라 태너리(Chouara Tannerie)가 가장 크고 오래된 곳이다. 작업장은 여러 채의 건물로 둘러싸여 있고 이정표도 정확하지 않아 찾기가 쉽지 않다. 하지만 작업장이 가까워지면 비릿하고 역겨운 냄새가 진동을 한다. 가죽을 부드럽게 하고 염색이 잘 되게 하기 위해 비둘기 똥, 소의 오줌 등 동물의 배설물을 사용하기 때문이다. 여행자들이 직접 작업장 내부로 들어가서 보기는 어렵지만 가죽 제품을 파는 상점의 테라스나 옥상에서 작업하는 모습을 볼 수 있다. 배설물로 인

가죽 무두질 작업장 중 가장 유명한 슈아라 태너리 전경. 마치 팔레트같이 생겼다. ⓒ shutterstock

한 악취 때문에 태너리를 찾는 여행자들에게 민트잎을 주기도 한다.

전통적인 방식으로 가죽을 만드는 공정은 대략 한 달 정도 소요된다. 양, 염소, 낙타 등 동물 원피(原皮)는 더럽고 뻣뻣하게 마른 상태로 메디나의 유일한 운송 수단인 당나귀나 노새에 실려 태너리로 온다. 먼저 원피를 물에 담가 염분이나 오물을 씻는 작업부터 시작된다. 그리고 털이나 불필요한 단백질, 지방 등을 제거하고 원피를 부드럽게 하기 위해 석회가 들어 있는 수조에 4~5일 정도 담근다. 매일 뒤집으면서 섞어주는데 이 과정을 통해 원피의 섬유 구조가 풀어지고 표피 조직이 약해지면서 모근이 느슨해진다. 그다음 커다란 나무통에 넣어 물과 함께 회전시키면서 가죽을 씻는 작업이 이어진다. 물에 젖은 무거운 가죽을 뒤집고 밟고 옮기는 작업은 모두 사람의 힘으로 이루어진다.

다음은 천연염료로 염색하는 공정이 이어진다. 갈색 원료는 나

메디나의 유일한 운송 수단인 당나귀.
양,염소,낙타 등의 동물 원피를 운반한다.
ⓒ 공윤경

염료가 골고루 스며들 수 있도록 계속 뒤집어 주고 주물러 준다.
ⓒ 공윤경

무껍질에서, 초록색 원료는 민트에서, 빨간색 원료는 개양귀비꽃(coquelicot)에서, 파란색 원료는 인디고(indigo, 마디풀과 식물)에서, 노란색 원료는 사프란꽃에서 채취한 것이다. 착색이 잘 되게 하기 위해 염료 수조에는 동물의 배설물도 들어간다. 그리고 염료가 골고루 스며들 수 있도록 계속 뒤집어 주고 주물러 준다. 노란색 공정이 가장 까다롭고 원료인 사프란이 고가이기 때문에 가죽의 가격도 가장 비싸다. 가죽의 종류와 용도 등에 따라 각종 염료로 염색한 후 햇볕에 말린다. 마지막 공정은 독특한 모양의 칼로 말린 가죽을 펴고 늘이며 정리하는 일이다.

최근 태너리가 페스 강을 오염시키는 원인 중 하나로 알려지자 태너리를 다른 지역으로 옮기고 녹지 공간으로 활용하자는 의견이 제안되었다. 이와 맞물려 또 다른 한편에서는 비효율적인 작업장을 현대식 기계공장으로 바꾸려는 움직임도 있다. 그러나 노동자와 상인들의 반대로 이 사업이 실제로 시행될지는 미지수이다.

태너리 주위로 가죽 제품을 파는 상점들이 모여 있다. 태너리 호객꾼들은 작업장을 구경시켜 주고 팁을 요구하거나 구매를 유도하기도 한다. 가방, 지갑, 의류 그리고 둥근 방석과 일반 방석, 모로코 전통 신발 바부슈(babouche) 등 다양한 색깔과 디자인의 가죽 공예품들이 전시되어 있다. 그런데 수작업으로 그리고 천연염료로 염색된 페스의 가죽 원단은 세계 최고의 품질을 자랑하며 유럽 각 지역으로 팔려 나가지만, 상점에 전시된 가죽 제품의 수준은 그렇지 않은 것처럼 보인다. 세련된 완성도를 가진 명품 제품과는 차이가 있겠지만 이곳 장인들이 전통 방식 그대로 만들었기에 나름대로 의미가 있다고 하겠다. 가격도 싸지 않기 때문에 중동 지역의 다른 관광지와 마찬가지로 흥정을 잘 해야 적절한 가격에 구입할 수 있다.

완성된 가죽으로 제품을 만드는 장인 ⓒ 공윤경

전통시장 돌아다니기

종교 공간인 모스크와 주거지 사이에 형성된 시장이 바로 수크이다. 수크(sūq)는 전통시장을 뜻하는 아랍어로서, 특히 메디나의 수크는 중세 이래 독특한 형태로 발달해 왔으며 현재까지 잘 보존되어 있다. 골목마다 다양한 물건들을 팔고 있어 '미로시장'이라고도 한다. 좁은 골목길 양쪽에 비슷한 크기의 상점들이 들어서 있고 통로 위쪽은 채광과 통풍을 위해 격자형 나무 지붕으로 덮여 있는 곳도 있다.

수크에서 판매되는 다양한 물건들. 채소 / 대추야자, 견과류 / 올리브 / 곡물과 잡화류 / 민트 / 수제 세라믹 그릇 ⓒ 공윤경

카라윈 모스크 근처에는 예로부터 향료, 차(茶)를 비롯한 기호 식품, 귀금속 공예품, 옷감, 바부슈, 자수용 색실, 양탄자, 가죽 공예품 등 상품 가치가 높은 물품들을 파는 상점들이 전문화된 수크를 형성하고 있다. 가죽 공예품 시장, 향신료시장처럼 전문화된 수크는 좁은 골목길을 따라 집단적으로 모여 있으며 이곳의 상인들은 자신들만의 독점적인 연계망을 구성한다. 상점의 크기는 1~2명으로 운영될 수 있을 정도로 작다. 주거지에 가까워지면 홉스(khobz, 전통 빵), 채소, 과일, 육류, 견과류 등의 생필품과 잡화들을 판매하는 전문화되지 않은 수크도 있다.

중심부에서 벗어나면 넓은 공간을 필요로 하거나 쾌적하지 않은 환경을 만드는 업종으로 바뀐다. 곡물시장, 가축시장, 가죽 원단 시장 등은 도시 외곽의 광장에서 열린다. 태너리 역시 역겨운 냄새와 물의 필요성 때문에 도시 외곽이나 하천 변에 위치한다.

블루 게이트 근처에 있는 메디나 안내 지도를 보면 갈색, 빨간색, 초록색 등으로 표시된 길이 있다. 갈색 길은 여러 가지 기념물과 유적들을 표시한 것이고 빨간색 길은 공예품을 만드는 장인들을 표시한 것이다. 그래서 빨간색 길에는 장인들의 작업 공간인 공방이 있고 또 수크도 형성되어 있다. 장인들은 공방에서 그릇, 금속 공예품, 목공예품, 스카프, 카펫 등을 만들고 또 상품으로 내놓기도 한다. 태너리와 마찬가지로 공방은 가업으로 이어 가는 곳이 많다. 마라케시의 수크가 여행자를 위한 상업적인 시장이라면 페스의 수크는 천 년 전 모습을 그대로 간직한 페스 사람들의 삶의 현장이라고 할 수 있다.

페스의 메디나는 근대화의 변혁을 거치면서도 전통적 도시 공간의 형태가 대부분 남아 있는 곳이고 그 공간에서 주민들은 여전히 그들의 일상생활을 이어 오고 있다. 전통 방식 그대로의 가죽 작업장, 잘 보존된 골목길과 수크, 전통 가옥 등은 모로코를 세계에 알리는 중요한 문화자산이 되었다. 페스의 어제와 오늘이 담긴 메디나를 통해 우리는 페스의 내일도 기대할 수 있으며 일상의 중첩이 유일함과 고유함의 원천이라는 것을 깨닫게 된다.

리우에서 만나는 북동부의 만물상

브라질 리우데자네이루 상끄리스또바웅 시장

김영철

위치	브라질 리우데자네이루
형성 시기	1952년
상품 종류	북동부 공예품, 일상 생활용품, 낱장문학 작품 등
거래 단계	도·소매
개설 주기	상시

브라질은 남미 대륙의 절반을 차지하는 면적만큼이나 문화다양성이 매우 높은 나라이다. 그중에서도 리우(Rio de Janeiro) 카니발은 전 세계인들에게 브라질 문화가 지닌 즉흥성, 리듬감과 창의성을 가장 잘 보여 주는 축제이다. 이제 브라질을 넘어 실로 전 세계가 즐기는 문화로 자리하고 있다.

전국 각지의 작은 문화공동체들이 모여 있는 리우는 브라질의 문화수도로서의 자부심을 갖고 있다. 이 도시는 모더니즘 이후 브라질의 문화정체성을 형성하는 구심점으로서의 역할을 해 왔다. 그 과정에서 축제도 문화 정체성을 형성하는 중요한 수단으로 자리매김하고 있다. 전국에서 모여든 사람들 중에 리우 카니발을 가장 격정적으로 즐기는 집단이 북동부 출신들이다.

북동부인들의 삶이 담긴 상끄리스또바웅의 시장

상끄리스또바웅 시장(Feira de São Cristóvão)은 북동부인들이 모여서 만든 시장인데, 브라질의 문화수도인 리우와, 브라질 문화의 원류라 할 수 있는 북동부 지역을 연결하는 접점으로서, 다양한 문화가 창조적으로 뒤섞이는 브라질 특유의 문화정체성이 발원하는 공간이라 할 수 있다. 이 시장은 물리적인 측면에서도 리우와 바이아(Bahia) 주를 연결하는 국도가 건설되면서 형성되었기 때문에 미래의 도시를 상징하는 리우와, 과거의 오지를 상징하는 북동부를 이어 주는 중개지로서의 역할을 했다. 동시에 브라질 사회가 안고 있는 양극화의 문제를 가장 잘 보여 주는 서민들의 공간으로서의 의미도 매우 크다고 할 수 있다.

공식적으로 상끄리스또바웅 시장이 문을 연 것은 1945년 9월 2일이다. 하이문두 산따 엘레나(Raimundo Santa Helena)가 전쟁을 끝내고 돌아온 사람들을 기리기 위해 「종전(Fim de Guerra)」이라는 시를 읊은 날을 공식 개장일로 본다. 재래시장에 공식적인 개장 일자가 있다는 사실도 이곳이 매우 독특한 공간임을 말해 준다.

리우 시내에서 북동부의 전통 물품과 음식, 노래와 춤을 만날 수 있는 곳이라 북동부 전통시장(A Feira de Tradições Nordestinas) 혹은 빠라이바[1] 시장(Feira das Paraibas) 등으로도 불린다. 그래도 재래시장에서 살 수 있는 것들은 다 살 수 있다. 요즘은 주말에만 7만 명이 찾을 정도로 성장했다. 축제 기간에는 그 규모가 훨씬 커진다.

이곳에는 북동부에서 만든 많은 물품들이 전시되어 있고, 북동부 전통문화들을 한눈에 볼 수 있다. 북동부에서 더 나은 삶을 찾아 모여든 사람들이 당시 리우 변두리였던 상끄리스또바웅에 정착하면서 공동체가 형성되었는데, 이곳에 오면 먼저 온 친척들이 그들을 맞아 주었고, 따뜻한 사랑이 담긴 음식과 여가를 즐길 수 있는 비올라 선율을 함께할 수 있었다. 이렇게 모여 살며 일상생활 속에서 서로 물건을 사고파는 것이 자연스럽게 이루어졌고, 재래시장도 그렇게 시작되었다.

1 브라질 북동부에 있는 하나의 주. 북동부를 상징적으로 나타내는 의미로 사용함

문화적인 부분에서 재래시장 형성 당시의 특성을 잘 보여 주는 요소가 두 가지 있는데 하나는 낱장문학(Literatura de cordel)이고 다른 하나는 브라질 대중음악에 지대한 영향을 미친 가수 루이즈 곤자가(Luiz Gonzaga, 1912~1989)다. 낱장문학은 포르투갈의 르네상스 시대에 낭만주의자들이 시작한 것으로 중세 기사들이 구전으로 전해 오던 것들을 출판하면서 시작되었다. 그래서 완전한 문장보다는 엽서나 팸플릿 형태로 이야기나 시들을 전달하는 방식의 문학 형태가 되었다. 포르투갈에서 책을 팔기 위해 만든 팸플릿에서 유래되어 식민 기간에 브라질로 전파되면서 북동부의 문학 형태로 자리 잡았고, 19세기 중반에 발전했다. 레안드루 고메스 지 바후스(Leandro Gomes de Barros)와 주앙 마르찐스 지 아탈지(João Martins de Athayde)가 대표적인 작가들이고, 주로 일상적인 이야기, 역사적 에피소드, 전설 혹은 종교적인 주제들이 대부분이다.

낱장문학은 북동부 중에서도 뻬르남부꾸(Pernambuco), 빠라이바(Paraiba), 히우그란지 주노르찌(Rio Grande do Norte), 세아라(Ceara) 주를 중심으로 성장했다. 그러던 것이 전국의 시장을 돌아다니는 작자들을 통해 상파울루, 리우와 미나스제라이스 주로 확대되어, 상끄리스또바웅 시장과 같은 문화장터, 문화원, 서점과 낱장문학가가 있는 곳에서 팔리고 있다. 이와 같이 북동부에서 유행하던 문학적 형태가 재래시장을 통해 새롭게 성장하는 도시문학에 영향을 미쳤다는 것도 상당히 이채롭다. 지금도 시장에서는 낱장문학가들이 자신들의 생각과 정서를 표현하고 있다.

루이즈 곤자가는 북동부에서 태어나 이 지방의 전통 음악을 발전시킨 대표적 싱어송라이터이다. 상끄리스또바웅 시장 입구에 가면 루이즈 곤자가의 동상을 볼 수 있고, 시장 한편에는 바이아웅(Baião)을 비롯한 다양한 음악을 연주할 수 있는 무대가 마련되어 있다. 바이아웅은 북동부 지방의 음악이자 춤인데, 룬두(lundu)에서 비롯되어 1940년대 루이즈 곤자가에 의해 대중적인 음악으로 발전했다. 작은 바이올린, 트라이앵글, 플루트와 아코디언 등으로 연주한다. 룬두(lundu)란, 포르투갈의 리듬과 앙골라에서 유래된 반투 흑인 노예들의 음악이 혼합되어 만들어진 아프로 브라질의 음악이자 춤이다.

북동부의 음악들은 대부분 브라질 흑인문화와 밀접한 관계가 있다. 그중에서도 칸돔블레(Candomblé)나 움반다와 같은 아프리카 종교에서 비롯된 종교 제례적 특성을 나타내고 있고, 다른 한편으로 포르투갈의 대중음악이 녹아 있는, 아주 독특한 형태와 리듬을 가지고 있어 브라질인뿐만 아니라 많은 사람들의 사랑을 받고 있다. 이런 독창적인 음악을 만든 사람이 바로 루이즈 곤자가이고 그의 노래는 브라질인들에게 전통 음악이면서 동시에 고전이다. 그래서 상끄리스또바웅 시장에서는 브라질 대중음악의 다양성은 말할 것도 없거니와, 전통 음악에서 나오는 리듬을 통해 브라질인들의 삶을 살펴볼 수 있다.

상끄리스또바웅에서 만나는 것들 상끄리스또바웅 시장은 북동부인들이 더 나은 삶을 찾아 모여들면서 생겨났다. 재래시장을 둘러싼 지역은 빈민가일 수밖에 없었다. 시장은 시골에서 상경해 도시 생활에 적응하면서 부딪히는 힘든 노동과 고달픈 삶 속에서 서로를 부둥켜안고 희노애락을 나눈 곳이라 할 수 있다. 또한 많은 사람들이 두고 온 고향에 대한 그리움을 풀어내는 곳도 시장이었다. 이곳에서 만난 사람들에게 고향 소식을 듣기도 하고, 힘든 하루를 보낸 뒤 선술집에서 까사샤(Cachaça)를 들이키며 위안을 찾기도 했다.

또한 시장은 그들의 애환을 담은 북동부의 노래들이 자연스럽게 흘러나오는 곳이기도 했다. 이곳의 정식 명칭이 북동부 전통문화 루이즈 곤자가 센터(O Centro Municipal Luiz Gonzaga de Tradições Nordestinas)인데, 루이즈 곤자가라는 이름에서 알 수 있듯이 이곳 자체가 북동부의 문화유산이라고 할 수 있다. 그래서 북동부의 바이아옹을 비롯한 포호(Forro) 등의 음악을 일 년 내내 연주하는 공연장이 있고 함께 춤을 출 수 있다.

북동부의 음악을 연주하는 상설 공연장이 있어 일 년 내내 음악과 춤을 즐길 수 있다.
ⓒ http://www.rio.rj.gov.br

브라질 음식 하면 소고기 숯불 바비큐인 슈하스코(Churrasco)에 커피 정도를 떠올리는 경우가 많은데, 상끄리스또바옹 시장에 가면 생각이 바뀔 수도 있다. 사실 브라질에서 가장 다양한 음식을 즐기는 지역이 북동부이다. 브라질 음식은 포르투갈의 올리브유, 아프리카의 덴데(dende), 원주민의 만디오까(Mandioca)가 독특하게 어우러져 있다.

올리브유는 브라질의 거의 모든 음식에 들어가는 것으로 문화적으로는 포르투갈을 대변한다. 그리고 덴데는 흑인들이 주로 살고 있는 바이아 주의 음식에 빠지지 않는 기름으로 오렌지 색깔을 띠고 있는데, 아프리카 노예들이 브라질에 가져온 야자나무 열매로 만든다. 흑인들에게는 영혼에 영양을 주는 물질로 여겨지고 있다. 만디오까는 남미 지역에 자생하는 고구마과 구근 작물로, 브라질 원주민들이 주식으로 사용했던 것이며 브라질 음식에 많이 녹아 있다.

상끄리스또바옹 시장에서는 북동부의 전통 공예품들도 구경할 수 있다. 북동부 사람들은 리우에 살고 있지만 고향의 토속적인 신앙을 여전히 갖고 있다. 리우의 대표적인 해변인 코파카파나에서 송년과 신년 축제에 행운을 기원하는 전통 제례도 북동부의 칸돔블레(Candomblé)와 이예만자(Yemanja) 신의 숭배에서 시작되었다. 칸돔블레는 아프리카 흑인들이 노예로 끌려오면서 함께 들어온 브라질 토속 종교로 브라질 흑인들의 정체성을 상징하는 제설(諸說) 혼합 종교이다. 이들이 모시는 다산과 풍요를 상징하는 신이 바다의 여신인 이예만자이고, 가톨릭의 성모 마리아와 함께 숭배된다. 종교적인 행위가 브라질의 수도인 리우에서 펼쳐지는 것은 북동부인들의 풍부한 문화적 토양이 마련되어 있기 때문이다. 이 부분에서도 상끄리스또바웅 시장이 북동부인들에게 어떤 의미인지를 알 수 있다. 카니발이 가톨릭의 전통에서 비롯된 것은 틀림없지만 북동부에서 발전한 아프로(afro)-브라질 종교의 영향을 무시할 수는 없다.

시장에서 볼 수 있는 북동부의 전통 공예품들 ⓒ http://noo.com.br

상끄리스또바웅의 카니발

브라질 카니발의 기원에 대해서는 많은 설들이 있다. 가톨릭에 기원을 두고 있다는 주장에서부터, 브라질 독립을 기념하기 위해 시작되었다는 주장, 북동부의 지역 단위 놀이들에서 시작되었다는 주장, 가톨릭과 아프리카 종교 간의 만남에서 시작되었다는 주장까지 참으로 다양한 주장들이 있다.

아무튼 리우 카니발은 1920년대 북동부 지역 이주민들의 삶에서 피어났으며, 1930년대 바르가스(Getúlio Vargas) 전 대통령이 국가통합 정책으로 카니발을 채택하면서 전국적으로 확대되어 브라질의 문화 아이콘으로 자리 잡았다. 그러다 보니 카니발엔 북동부인들의 삶의 이야기가 녹아 있을 수밖에 없다.

1월 초가 되면 카니발 준비가 본격적인 단계로 접어든다. 사실 12월 중순부터 연말로 이어지는 이 기간은 가톨릭을 믿는 여느 민족들과 마찬가지로 가족, 연인과 함께하려는 물결이 이어진다. 많은 사람들이 연말연시를 즐기기 위해 이동하지만 각 삼바학교(Escola de Samba)는 경연장에서 펼칠 주제와 스토리를 구성하고, 그 내용을 보여 줄 수 있는 가장행렬과 상징물들을 제작한다. 그리고 가장행렬이 진행되는 동안 부를 노래를 만들고, 북장단을 마련하고, 경연을 펼칠 순서에 따라 거의 매주 2-3회에 걸쳐 단체 연습을 실시한다. 이 기간이 되면 리우만 그런 것이 아니라 브라질 전역이 들뜨기 시작한다. 그야말로 전국이 카니발의 열기 속으로 빨려 들어가는 시기로 점점 광란의 밤이 되어 간다.

카니발 경연장인 삼보드로무(Sambodromo)는 각 삼바학교가 펼치는 한 편의 뮤지컬과 같다. 가장행렬에 사용되는 형형색색의 상징물과 의상들은 대부분 각자가 준비한다. 전년도 경연에서 상위에 입상한 팀들은 후원단체가 있어서 지원해 주지만 그렇지 않은 팀들이 훨씬 많기 때문에 삼바학교에서 정한 주제와 스토리에 따라 시장에서 필요한 것들을 사서 직접 만든다. 물론 시장(feira)에서 살 수도 있지만 이미 만들어진 것들은 경연보다는 자신들만의 카니발을 즐기는 사람들이 가볍게 구매해서 사용한다. 이런 시장들은 리우 시내의 작은 광장에서 쉽게 만나 볼 수 있다. 그리고 축제 기간에만 열리는 시장이 있는 반면,

히피 시장의 경우는 연중 계속 열리는 곳으로 많은 사람들이 여기에서 축제와 관련된 물건들을 사기도 한다.

삼보드로무에서 펼쳐지는 삼바 학교 경연 ⓒ http://www.riomaximo.tur.br/rio-de-janeiro/ingressos-carnaval-2015/

리우 카니발을 준비하는 사람들은 주변에 있는 재래시장들을 찾아 필요한 물품을 구매하기도 하고 지역 사람들과 담소를 나누며 즐거운 한때를 보낸다. 브라질인들은 줄 서서 기다리는 동안에도 처음 보는 앞뒤 사람들과 아주 자연스럽게 일상적인 삶에 대해 이야기를 나누는데 지역에 있는 재래시장은 그들이 함께하는 조그마한 세계라고 할 수 있다.

상끄리스또바웅 재래시장은 카니발 기간에 많은 이들이 찾아와 자유롭게 자신들의 삶을 풀어내는 공간으로 탈바꿈한다. 그 과정은 브라질 국민들이 문화적 동질감을 통해 정체성을 형성하는 과정과 맥을 같이한다.

세계에서 가장 큰 골동품 시장

프랑스 파리 생투앵 벼룩시장

신지은

세계에서 가장 큰 골동품시장

위치	파리 18구 클리냥쿠르와 파리 북부 외곽 생투앵에 걸쳐져 있음
형성 시기	1870년경 형성. 공식적으로는 1885년 시작된 것으로 기록되고 있음
상품 종류	고미술품, 고가구, 골동품, 중고 의류 및 각종 생활용품
거래 단계	벼룩시장
개설 주기	상시

생투앵 벼룩시장은 방브 벼룩시장, 몽트뢰유 벼룩시장과 함께 파리의 3대 벼룩시장 중 하나이자, 골동품시장으로는 세계적인 명소로 손꼽힌다. 2001년부터 '건축 도시 경관 유산 보호 지역(Zone de Protection du Patrimoine Architectural, Urbain et Paysager, ZPPAUP)'으로 지정된 이곳은 7헥타르의 면적에 2,500여 개의 가게를 포함한 14개의 개별 시장으로 이루어져 있다.

고가구와 아시아 예술품을 판매하는 비롱(Biron) 시장, 기상천외한 물건들과 포스터, 오래된 음반 등을 구할 수 있는 쥘 발레스(Jules Vallès) 시장, 소형 골동품, 고서 등을 취급하는 르파사쥬(le Passage) 시장, 1930~1940년대 아르데코식 가구와 70년대의 신식 디자인 용품들을 판매하는 말라시(Malassis) 시장, 아방가르드한 용품들과 가구, 장식품 등을 판매하는 폴 베르(Paul Bert) 시장, 70년대 빈티지한 용품들과 아마추어 작가들의 작품들을 선보이는 세르페트(Serpette) 시장, 생투앵 벼룩시장의 출발지인 베르네종(Vernaison) 시장 등이 대표적이다.

아방가르드한 용품들과 가구, 장식품 등을 판매하는 폴 베르 시장 ⓒ trace-ta-route.com

이 중 몇몇은 지붕이 덮인 상점 형태이고, 몇몇은 노천시장 형태로 되어 있다. 이 가게들은 온갖 나라에서 온 여러 시대의 잡다한 물건들, 예컨대 클래식한 골동품이나 앤티크 가구, 청동 제품, 예술품, 양탄자, 거울, 식기류, 유리 제품 등으로 가득 차 있다. 이 외에도 오래된 음반, 판화, 장난감, 책, 사진 등도 있고, 빈티지한 의류와 신발, 액세서리 그리고 용도를 알기 어려운 온갖 잡동사니들이 판매되고 있다.

파리 18구와 파리 외곽 생투앵 지역에 걸쳐져 있는 생투앵 시장은 파리의 4대 관광지 중 하나로 꼽히기도 하고 '가장 파리다운 곳'이라 불리기도 한다. 전 세계의 고가구 판매상과 골동품 상인들의 집결지인 이곳에는 연간 약 5백만 명의 사람들이 방문하는데, 이 중에는 미술품 수집가, 여행객, 유명 인사들도 포함된다.

할리우드 영화배우 나탈리 포트만은 프랑스에서 자신이 가장 좋아하는 장소로 생투앵 시장을 꼽는다. 우디 앨런의 영화 〈미드나잇 인 파리〉에서 노트르담 성당 근처나 알렉상드르 3세 다리 등 화려한 관광

지들과 함께 생투앵 시장이 등장하는 것은 우연이 아닐 것이다. 과거에 대한 집요한 애정을 가진 주인공이 '잃어버린 시간'을 찾아 생투앵 시장을 방문하는 것은 어쩌면 당연한 경로이기 때문이다.

영화 <미드나잇 인 파리>의 생투앵 시장 장면.

콜레트(Colette), 앙드레 브르통(André Breton), 르네 클레르(René Clair), 레이몽 크노(Raymond Queneau), 아리스티드 브뤼앙(Aristide Bruant) 등 수많은 예술가, 작가, 가수들이 생투앵 벼룩시장을 노래하는 것은 아마도 이곳에 쌓여 있는 물건들의 불멸성 때문일 것이다. 물건의 소유자는 계속 변하지만, 이손 저손을 거치면서 이 물건들은 새로운 의미와 가치를 덧입고 있다.

공식적으로는 1885년에 탄생했다고 기록되고 있는 생투앵 시장은 오늘날 골동품 시장으로 세계적인 명성을 지니고 있다. 오늘날에는 1,700여 개의 판매업자들이 이곳에 소속되어 있는데, 이 중 1,400여 명이 고미술품 판매업에 종사하고 있어, 생투앵 시장은 시장보다는 오히려 온갖 진귀한 물품들을 진열해서 구경하는 박물관이나 갤러리와 닮아 있다. 이곳에 현재 전시되어 있는 가구, 예술품들을 보면 프랑스의 역사뿐만 아니라 세계사, 예술사 및 사회사까지도 공부할 수 있을 것이다. 이곳에서 판매되는 물품의 리스트와 가격 변동 과정만 살펴봐도 프랑스 사회의 변화상을 읽어 낼 수 있기 때문이다. 1900년대 이미 '벼룩시장(Marché aux Puces)'이라는 표현이 사용되었는데, 그것은 그 당시 '벼룩이 포함된' 중고 옷가지와 침대 매트리스를 주로 팔았던 탓이다. 이제 여기서 이런 물건을 찾기는 힘들지만, 벼룩시장이라는 표현은 여전히 남아 사용되고 있다.

넝마주이의 정착과 생투앵 시장의 형성

생투앵 벼룩시장은 종종 '빛의 도시의 어두운 지역'이라 불린다. 파리가 화려한 빛의 도시라면, 파리에서 가장 어둡고 더러운 넝마들이 쌓여 있는 곳이 생투앵 벼룩시장이기 때문이다. 파리의 넝마주이는 12세기경부터 존재하고 있었다고 한다. 프랑스-프로이센 전쟁 직후 1870년경, 파리의 넝마주이들이 파리에서 밀려나 파리 북부 성곽과 몽마르트르 근처 생투앵의 말라시(Malassis)에 정착했다. 이들은 아주 오래전부터 이곳에 살고 있던 집시, 헌옷 장수, 고물 장수 등과 섞여 살기 시작했다. 파리의 넝마주이들이 이곳으로 대거 이동하게 된 것은 파리 도지사 으젠 푸벨(Eugne Poubelle)이 파리의 각 주택에 쓰레기를 처리하는 통 설치를 의무화하면서 넝마주이들이 파리에서 돈벌이를 하는 것이 힘들어졌기 때문이다. 또한 야간에 이들이 쓰레기통을 뒤지면서 내는 소음은 사람들의 안락한 잠을 방해했기 때문이기도 하다. 파리 북부에 위치한 빈민가 말라시는 파리에서 가까우면서도 파리 세관의 영향력 밖에 위치한 지역으로 이들은 여기에서 파리보다 싼 값에 감자튀김과 소시지, 포도주 등을 구할 수 있었고, 떠돌이 집시의 기타 연주와 실내 사격 등을 즐길 수 있었다.

집시 재즈로 유명한 기타리스트, 장고 라인하르트

당시 집시와 넝마주이의 주거지였던 생투앵 지역에는 후일 집시 재즈의 전설, 장고 라인하르트(Django Reinhardt)의 가족도 정착했다. 현재 생투앵 벼룩시장에 가면 생투앵 지역의 특산물인 꿀뿐만 아니라 재즈 디스크나 관련 책을 파는 것을 쉽게 볼 수 있다. 재즈 하면 보통 미국, 특히 옛 뉴욕이나 뉴올리언스를 떠올리는 것이 자연스러운데, 생투앵과 재즈는 무슨 연관이 있는 것일까?

과거의 재즈를 주의 깊게 듣다 보면 아코디언이나 바이올린이 등장하기도 하고, 유럽의 민속 음악이나 집시 음악이 섞여 있다는 것을 알 수 있다. 집시 스윙(gypsy swing) 혹은 집시 재즈로 유명한 기타리스트 장고 라인하르트는 집시의 혈통을 이어받았다. 그의 어린 시절 그의 가족은 유럽 각지를 떠돌다가 마침내 생투앵에 정착했고, 그는 이곳에서 유랑 극단의 연주를 들으며 자라났다. 1928년 그는 개조된 트레일러에 거주하고 있었는데, 그의 아내는 셀룰로이드로 만든 꽃을 팔았다. 어느 날 밤, 잠들기 전 켜둔 촛불이 넘어지면서 불이 번졌고 결국 그는 손가락 두 개를 잃게 되었다. 트레일러 안에 가득했던 인화성 물질 셀룰로이드 때문에 불이 순식간에 번졌기 때문이다. 당시 생투앵의 집시나 넝마주이들은 트레일러나 간이 건물에 거주했으며 작은 물건들을 파는 일을 주로 했음을 알 수 있는 대목이다. 어쨌든 사고 이후 그는 독특한 연주 모션을 만들어 내어 기타리스트로서의 길을 포기하지 않았고 마침내 집시 음악의 거장이 되었다.

장고 라인하르트의 개인사는 생투앵의 역사, 그중에서도 라쇼프(La Chope)라는 카페와 긴밀히 연관되어 있다. 현재 집시 재즈의 명소로 알려져 있는 이곳은 재즈 강습학교와 카페, 식당 등을 겸하고 있으며, 2010년에는 장고 라인하르트를 추모하는 공간도 따로 마련했다.

이처럼 파리에서 이주해 온 많은 넝마주이, 고물 장수, 폐지를 수집하는 사람들이 생투앵에 정착하면서 이 구역의 리듬은 활기차게 변화되었고, 그 이후 이곳에는 재건축 바람이 일기 시작했다. 간이 건물들을 없애고 사생활, 시장, 친교 등의 용도에 맞게 새로운 건물이 세워졌다.

생투앵 시장 설립 초안에는 생드니 방면으로 난 파리 성곽 출입구 쪽 미슐레(Mechelet) 가(街)에 시장이 들어서는 것으로 계획되어 있었다. 그리고 1884년 시의회는 이곳에서 상업 행위를 하는 이들에 대해 세금을 징수할 계획을 세웠지만, 이에 민감하게 반응했던 사람들은

라쇼프 전경. 집시 재즈 음악학교라는 간판도 함께 보인다. ⓒ 신지은

결국 세금으로부터 자유로운 지역인 생투앵에 집결했다. 1885년 정화 작업과 치안, 수도 및 전기 설비 등으로 생투앵은 상업 행위에 적합하게 변모했다. 시간이 흘러 1908년 지하철이 도입될 무렵, 넝마주이와 고물 장수들은 손수레를 매일 꾸렸다 풀었다 하는 대신 한 장소에 정착하고자 했고, 이에 따라 시장이라는 개념이 탄생하게 되었다. 드디어 이들은 정해진 지역 내에서 조직화된 상업 활동을 할 수 있게 된 것이다.

1920년 로맹 쥘 베르네종(Romain Jules Vernaison)이 1차 세계대전 이후에 식량을 배분하는 데 사용되었던 간이 건물에서 시장을 여는 것(베르네종 시장)을 시작으로 점차 개별 시장들이 추가되면서 생투앵 벼룩시장은 확장되었다. 당시 여러 사업가들이 이곳의 땅을 사들여서 골동품상들에게 임대를 시작했다. 전쟁 후에, 카페, 교외 술집, 거리의 가수, 신기한 물건들은 인기가 좋았고, 파리지앵들이 주말마다 이곳을 방문하는 것은 하나의 유행이 되었다. 그 후 차츰차츰 개별 시장들이 하나씩 개장을 했고, 1960~70년대에 들어서는 도시 외곽 순환도로의 신설과 임대아파트의 건설로 미로같이 얽혀 있던 작은 골목길들과 간이 건물들은 상당수 철거되었다. 이때가 생투앵 시장이 사회적으로나 공간적으로, 경제적으로나 문화적으로 이전 시기와 완전히 단절되는 시기라 할 수 있을 것이다.

1980년대 말 생투앵 출신 부동산 중개업자인 파트릭 뒤프레즈(Patrick Duprez)의 추진력으로 생투앵 벼룩시장을 국제적인 규모로 탈바꿈시키는 두 개의 시장이 완성되었다. 첫째, 1989년 건축가 지로(Giraud)가 말라시 시장(Marche Malassis)을 거대한 원형 유리 건물로 재탄생시켰고, 둘째, 도핀 시장(Marche Dauphine)이 철제 계단과 인테리어를 갖춘 인더스트리엘 스타일로 바뀌었다. 이 두 시장의 변신은 생투앵이 과거의 모습을 유지하면서 동시에 새로운 비전과 목표를 가지도록 만드는 계기가 되었다.

벼룩의 도약

생투앵 벼룩시장의 문화적 정체성은 자신의 기억과 상상력을 잘 보존하면서, 이를 바탕으로 현재 새로운 시장으로 변화와 발전을 모색하면서 만들어진다. 넝마주이와 중고 상인, 집시와 싸구려 물건을 사고자 하는 빈민들에 의해 처음 만들어진 생투앵 벼룩시장은 현재 '부르주아화'되고 있다. 현재 이곳을 찾는 다수의 사람들은 '보보(부르주아 보헤미안)'들로, 이들은 자본주의 소비문화에 익숙해져 있으면서 동시에 창조성과 자유로움, 자기만의 유니크한 개성을 추구하는 세대이다. 이들은 독특한 빈티지 물건들, 아시아나 아프리카에서 온 이국적이고 희귀한 물건들에 환호하기 때문에 생투앵 시장의 새로운 주요 고객층이 되었다. 이런 경향 속에서 생투앵 벼룩시장에는 2013년 프랑스의 유명 인테리어 전문점 '아비타'가 들어섰고(모던한 스타일의 '아비타'는 생투앵 시장에 입점하기 위해 빈티지해졌다), 콘셉트 스토어와 프랑스의 유명 디자이너 필립 스탁(Philippe Starck)이 탄생시킨 식당도 문을 열었다.

새로운 가게의 개장뿐만 아니라, 새로운 문화 공간이나 이벤트도 다수 생겨나고 있다. 2004년 장고 라인하르트를 기리며 만든 재즈 페스티발인 뮈제트 재즈 페스티발(Festival Jazz Musette)의 대중적인 성공은 생투앵 벼룩시장이 과거와 현재, 미래를 어떻게 고려하는지 잘 보여 주는 한 가지 증거가 될 것이다. 앞서 언급했던 라쇼프뿐만 아니라 피콜로(Picolo), 에디트 피아프가 데뷔했던 셰루이제트(Chez Louisette) 등 이제는 전설이 된 카페·바에는 과거의 아코디언 연주자나 가수들은 사라졌지만 대신 새로운 퓨전 재즈를 실험하는 사람들이 몰려든다. 이 외에도 역사적인 기념일과 연관된 전시회나 축제, 새로운 컬렉션 전시나 콩쿠르 등 수많은 행사들이 기획되고 있다.

이곳에서는 골동품이 그저 낡은 옛날 물건이 아니듯, 생투앵의 역사는 망각되고 마는 시절이 아니라 새로운 미래를 준비하는 발판이 된다. 골동품과 고가구 판매상, 디자이너, 예술가, 장인, 부동산 소유자, 관리인, 행정 전문가 등이 다 함께 힘을 모아 새로운 시도를 꾀하며 생투앵 벼룩시장의 서비스와 조직, 문화를 개선하기 위해 노력하고 있다. 1901년에 이미 생투앵 시장에는 시장 조직과 운영의 효율성과 투명성을 위해 MAP라는 협회가 만들어졌다. 지금까지 지속되어 온 이 협회는 현재 언론 보도와 재무 감사 등에 관여하는 등 생투앵의 발전을 위해 더욱 적극적으로 활동하고 있다. 새로운 미래를 앞두고 있는 생투앵 벼룩시장이 과거의 매력을 지속시킬 수 있을지 아니면 거대한 자본의 침투 앞에 그 고유한 멋을 잃고 획일화될지는 미지수이지만, 어쨌든 이곳 벼룩들의 도약이 새로운 모습의 시장을 만들 것은 분명해 보인다.

시장은 만남이다

이집트의 정신적 고향

이집트 카이로 카릴리 시장

조관연

시장 이상의 의미를 지닌 카릴리

위치	이집트 카이로
형성 시기	1382년. 알 카릴리 장군이 설립
상품 종류	골동품, 금은 장식품, 기호품, 향수, 관광 상품 등
거래 단계	중상류층 대상의 소매
개설 주기	상시

이집트는 서방 세계와 동방 세계를 이어 주는 가교이며, 그 중심에 알렉산드리아와 카이로가 있다. 이집트는 중세 시기에 중계무역을 통해 막대한 세수입을 거두었고, 이를 기반으로 정치, 종교, 경제적인 번영을 구가하였다. 하지만 포르투갈의 새로운 항로 개척과 페스트 등으로 인해 이집트의 경제와 문화는 서서히 쇠락의 길을 걷는다. '정복자의 도시' 카이로에 있는 '칸 엘 카릴리(Khan el-Khalili, 아랍어: خان الخليلي)'는 쇠락하는 이집트를 부흥시키기 위해 만든 시장이었다. 이 시장은 물건을 거래하는 장소 이상의 의미를 지니고 있는데, 특히 근대 이후에는 이집트인들의 정신적 고향이 되기도 하였다.

'칸 엘 카릴리'는 주로 '카릴리' 시장이라고 불리는데, 원래는 '카릴리가 만든 대상(隊商, 카라반)의 숙소'를 의미한다(칸은 페르시아어로 '대상의 숙소'). 이 시장을 처음으로 만든 사람은 이름에서 알 수 있듯이 맘루크 왕조의 장군(emir)인 알 카릴리이다. 카릴리 시장은 카이로의 중심부인 이슬람 구역에 있는데, 주변에는 이슬람 연구의 본산인 알 아즈하르(Al-Azhar) 모스크와 알 아즈하르 대학교, 그리고 모하메드의 손자 두개골과 가장 오래된 쿠란 완본이 보관되어 있는 알 후세인(Al-Hussein) 모스크가 있다. 이 외에도 이 시장 주변에는 수많은 모스크와 이슬람학교들이 있다.

카이로는 한때 중국의 몇몇 대도시를 제외하면 세계에서 가장 크고 부유했지만, 이제는 더 이상 세계의 중심도시는 아니다. 현재 이슬람 세계에서 가장 큰 시장은 터키의 그랜드 바자르로, 카릴리는 아프리카에서 가장 큰 시장 정도로 만족하여야만 한다. 하지만 이런 사실과는 별도로 이집트인들이 이 시장에 대해 가지고 있는 애정은 대단하다. 이들 중 상당수는 카릴리를 일종의 정신적 고향으로 받아들이고 있다.

시장과 아즈하르 모스크 ⓒ 조관연

이 시장은 19세기 말 이슬람 문예부흥 운동의 산실이었는데, 수많은 문인과 예술가, 학생들이 시장 카페들에 모여서 이슬람과 이집트의 부흥에 대해 격론을 벌였고, 이들 중 상당수가 후에 이집트 근대화의 추동 세력이 되었다. 지금은 비록 그 수가 줄어들었지만, 아직도 시장과 아즈하르 모스크 사이에는 이슬람 책방들이 있고 시장에는 카페들이 있다. 이슬람 세계에서 처음으로 노벨 문학상을 수상한 나기브 마푸즈(Naguib Mahfouz, 1911~2006) 역시 이곳에서 자랐는데, 그의 문학 작품에서 이 시장은 단순한 무대장치 이상으로 자주 등장하고 있다. 또한 수많은 영화가 이곳에서 촬영되었고, 많은 시인들이 시장을 칭송하는 시와 노랫말을 지었다.

현재 카릴리 시장은 외국 관광객과 지역 중산층 고객을 대상으로 하는 상품들을 주로 판매하고 있다. 2010년에만 천만 명 이상의 외국 관광객이 이 시장을 방문해 기념품들을 구매하였지만 현재는 관광객의 숫자가 급감하였다. 많은 상점 주인들이 이러다 곧 상점문을 닫게 될 것이라고 걱정하지만, 불안정한 국내 정치 상황으로 인해 상황이 개선될 조짐은 보이지 않는다.

시장 앞의 서점들 ⓒ 조관연

이븐 바투타와 카이로의 영광

세계적인 여행가인 이븐 바투타(Ibn Battuta, 1304~1368)처럼 이집트의 화려했던 번영의 순간을 생생하게 전해 주는 사람은 없다. 그는 1325년 고향인 모로코의 탕헤르를 떠나 메카로 순례 여행을 떠났고 이후 그의 여행은 인도와 중국, 그리고 서아프리카까지 이어졌다. 그는 주로 카라반이 다니는 육로를 따라 1325년부터 여행을 했는데, 이 루트는 당시 전 세계적인 거대한 인적, 물적 교류의 중요한 연결망이었다. 바투타는 1326년 카이로에서 한 달을 보냈다. 그는 이때 본 것을 다음과 같이 그리고 있다.

> 나는 도시들의 어머니, 폭군 파라오의 터, 광활한 지역이며 비옥한 땅들의 여주인, 끝없이 펼쳐지는 건물들, 비할 데가 없는 아름다움과 장엄함, 오가는 사람들의 만남의 장소, 약자와 강자가 모두 머무는 장소인 카이로에 마침내 도착했는데, 이 도시에는 군중들이 바다의 파도들처럼 밀려들고, 도시의 크기와 능력으로는 이들 모두를 포용하기에 부족하다. 카이로에는 12,000명의 물장수가 낙타와 수천 명의 목마른 노새와 당나귀 임대인에게 물을 공급하며, 나일 강에는 술탄의 배 36,000척이 떠 있다. 이 배들은 위로는 상 이집트, 아래로는 알렉산드리아와 다미에타까지 모든 종류의 돈이 되는 물품과 상품을 적재하고 다닌다. (…) 나는 카이로에서 골절된 술탄의 손이 회복되기를 기원하는 바자를 본 적이 있다. 모든 상인은 자신들의 상점을 치장하고, 상점 안에는 실크 천과 장신구들, 다양한 염료들이 있었다. (…) 모스크 학교인 마드라사(madrasa)는 셀 수 없을 정도로 많다. 병원들은 (…) 아름다움을 묘사하기엔 그 어떤 말도 적합하지 않다. 이 병원에는 흠잡을 수 없는 품질의 의약품과 의료 기구들이 있다. 그리고 하루 매상은 천 디나르 이상이다.[1]

바투타는 카이로의 모스크, 대학교, 병원, 그리고 수도원을 경이로운 눈으로 기록하였는데, 술탄과 장군들이 이 건물들을 건설하고, 운영을 지원하였다. 이들은 이에 만족하지 않고 건물 신축을 계속 지원하였고, 빈자를 위한 자선사업도 경쟁적으로 펼쳤다. 당시 카이로는 50~60만으로 추정되는 인구를 가진 아랍 세계의 가장 큰 중심도시였

1 Battuta, Ibn, H. A. R. Gibb 번역, *Travels in Asia and Africa*, Routledge, 2005(초판 1929), 41~50쪽.

다. 바투타는 메카 순례 여행을 마치고 귀국하면서 1346년에 카이로를 재방문하였다. 하지만 이 무렵 카이로는 페스트로 인해 죽음의 도시가 되어 있었다. 바투타는 이에 대해 "페스트가 창궐할 때 카이로에서는 하루에 21,000명이 사망했다. 일찍이 나와 안면이 있던 학자는 모두 죽었다"라고 썼다. 역사학자들의 추정에 의하면 이 페스트로 인해 이집트 인구의 40% 정도가 사망하였는데, 예전의 인구로 회복되기까지는 무려 500여 년의 세월이 필요했다.

카릴리 시장의 설립 배경

아랍어로 맘루크(Mamluk)는 남자 노예를 뜻하지만, 역사적으로는 터키, 시르케시, 비잔틴, 쿠르드, 슬라브 등지 출신의 백인 노예를 지칭한다. 이들 맘루크는 군인으로 길러졌고, 후에 거의 수니파 이슬람으로 개종했다. 이들이 쿠데타를 일으켜 아이유브 왕조를 전복하면서 맘루크 술탄 시대(1250~1517)가 열렸고, 이집트의 새로운 주인이 되었다. 맘루크는 파죽지세로 중동 지역을 점령해 나가던 몽골군을 1260년 예루살렘 근처에서 물리쳤고, 1291년에는 십자군을 예루살렘에서 무자비하게 쫓아 버림으로써 정권의 정당성을 확보하고 이슬람 세계의 맹주가 되었다. 이후 중동 지역은 안정을 되찾았고, 무역과 농업은 활기를 띠었다.

바투타가 카이로를 방문할 당시는 이런 번영이 절정기에 다다랐을 때였다. 당시 카이로에는 수많은 상인과 대상, 순례자와 학자들이 몰려들었다. 카이로는 이슬람의 중심이 되었고, 경제와 문화, 종교가 꽃을 피웠다. 하지만 페스트가 이 모든 것을 망쳐 놓았다. 특히 알렉산드리아와 카이로 등의 항구 무역도시들이 막대한 타격을 받았는데, 농촌도 정도는 덜했지만 심각한 타격을 받았다. 페스트로 인하여 이집트 경제의 두 축인 상업과 농업이 상당 부분 붕괴하였는데, 이 질병은 19세기까지 끊임없이 이집트를 위협했다.

카릴리 시장의 출입구인 바브 알 바디스탄(Bab al-Badistan) ⓒ 조관연

바투타가 목격했던 이집트의 영광을 되살리기 위해서는 중계무역을 다시 활성화하는 것이 필요했다. 이를 위해 1382년 카릴리 시장이 만들어졌다. 카이로의 중심에는 970년에 세워진 알 아즈하르 모스크와 대학교가 있었는데, 구시가지는 이 모스크를 중심으로 남북으로 길게 자리 잡고 있다. 이 모스크 앞에는 이집트를 정복하고 카이로를 세운 시아파 파티마 왕조(909~1171)의 칼리프 영묘(靈廟)가 있었지만, 장군인 알 카릴리는 여기에 거대한 '대상의 쉼터'인 칸 엘 카릴리를 세웠다. 이 쉼터는 카이로에서 가장 중요한 신성 지역 위에 세워진 것으로 당시 통치자들이 상업과 교역을 얼마나 중시하였는지를 알 수 있다.

대상들은 카릴리에서 쉬면서 필요한 보급품을 보충하고 자신이 가져온 물건들을 팔았다. 이 쉼터는 이후 이집트 경제 활동의 중심지가 되었으며, 술탄들은 카릴리 주변에 상업시설들을 계속 건축하였다. 15세기 말 카릴리 시장과 그 주변은 더 확고하게 대외 무역의 중심이 되었으며, 주요한 거래 품목은 노예와 값비싼 보석이었다. 당시 거래되었던 물품 중 진기하고 값어치 있는 것들은 카이로의 이슬람 예술박물관에서 볼 수 있다. 이 박물관은 십만 점 이상의 금속 제품, 도자기, 직물, 유리 제품, 크리스탈 제품, 석고 장식품과 목공예품 등을 소장하고 있는데, 그 종류와 질에 있어서 전 세계적으로 상위권에 속한다.

중심에서 주변부로 밀려난 암흑기 이집트의 마지막 맘루크 통치자인 알 구리(Al-Ghuri, 재위 1501~1516) 술탄은 1511년 카릴리가 지었던 기존의 건물 상당수를 헐어버리고 새롭게 상업복합단지를 건설했다. 값비싼 물건들이 활발하게 거래되고 있던 오스만 제국의 그랜드 바자르가 모델이 되었다. 거리를 정비해서 격자형으로 만들고, 화려하고 웅장한 출입구들과 상점 건물들도 새롭게 지었다. 현재 카릴리 시장에서 볼 수 있는 건물의 상당수는 이때 지어진 것이다.

카릴리 시장이 이렇게 재건축된 데는 포르투갈 상인들의 영향이 컸다. 15세기 말 신흥 해양강국으로 부상한 포르투갈의 상인들은 아프리카 희망봉을 경유하는 신항로를 개척해 인도양의 해상권을 장악하였다. 맘루크 왕조는 중계무역의 이권을 빼앗기면서 막대한 관세 손실을 보았고, 페스트의 여파로 가뜩이나 어려운 이집트 경제는 이로 인해 더 어려워졌다. 하지만 지배층의 사치는 줄어들지 않았고, 상인과 농민에 대한 세율을 인상했음에도 불구하고 세수입은 늘 부족했다. 부족한 세수를 메우기 위해서는 (중계)무역을 활성화할 필요가 있었고, 이를 위해 카릴리 시장을 매력적으로 재건축할 필요가 있었다. 하지만 이런 노력은 맘루크 왕국이 멸망하면서 별다른 실효를 거두지 못했다.

오스만 제국 셀림 1세가 1517년 이집트를 정복하면서 오스만 속주 시대(1517~1798)가 시작되었고, 카릴리 시장은 거대한 오스만 제국 시장 중의 하나가 되었다. 바투타 시절의 거대한 교역 네트워크도 사라졌으며, 카이로는 더 이상 동방과 서방 세계를 잇는 요충지가 아니었다. 맘루크 시대의 기근과 페스트에도 불구하고 이집트가 이슬람의 중심지 역할을 할 수 있었던 것은 많은 배가 수에즈 해협을 드나들면서 내는 통과세 덕분이었다. 그런데 배들이 이집트를 통과하지 않게 되자 국가 수입이 대폭 줄었고, 이 때문에 강한 군대도 유지할 수 없게 되었다. 술탄은 국민에게 더 많은 세금을 부과함으로써 이 문제를 해결하고자 했지만 농업과 상업이 파탄 난 상태여서 불가능하였다. 이런 상황 속에서 맘루크 사이의 반란과 갈등은 증폭되어 갔다.

오스만 제국에서 카릴리 시장은 주변부의 중심시장이 되었으며, 이집트에서 생산된 물건들이 주로 거래되었다. 이집트 역사학자들은 오스만 시기를 암흑의 시기라고 하는데, 정치, 경제, 문화, 종교적인 면에서 이는 정확한 말이다. 카릴리 시장은 주인이 바뀌면서 터키인들이 모여 사는 커뮤니티가 되었으며, 이들에 의해 그 모습과 분위기도 점차 터키식으로 바뀌어 갔다.

사빌-쿠탑 쿠디(Sabil-Kuttab of Katkhuda)는 쿠디 장군이 오스만 통치 시기인 1744년에 지은 건물로, 카릴리 시장의 유서 깊은 건물 중 하나이다. 이 건물을 지나가는 행인에게 물을 제공하였으며, 위층에서는 이슬람 고아에게 쿠란을 교육하였다. ⓒ 조관연

아랍 문화부흥 운동과 나기브 마푸즈

아랍 역사가들은 나폴레옹의 이집트 침입(1798~1801)을 아랍 근대사의 시작으로 잡고 있다. 이 사건은 이집트와 카이로를 유럽에 다시 알리고, 민족주의를 부흥시키는 촉매제가 되었다. 나폴레옹은 이집트를 침입하면서 많은 학자와 기술자들을 대동했는데, 이들은 이집트 지식인들에게도 커다란 충격을 주었다. 이집트 지식인들은 이슬람 세계가 세계 제일이라고 생각했고, 서구 기독교도를 폄하해 왔다. 그랬던 이들이 정치, 경제, 군사, 문화 등 거의 모든 분야에서 자신들이 뒤떨어져 있다는 것을 알게 된 것이다. 또한 이들은 서구의 민족주의 사상을 접하면서 민족적 자각을 하게 되었으

며, 과거 이집트 역사를 비판적으로 바라보기 시작했다.

카릴리 시장을 무대로 많은 영화가 만들어지고, 소설과 시, 노래들이 탄생한 것은 이 시장이 물건을 사고파는 장소 이상의 의미를 갖고 있기 때문이다. 아랍 문화부흥 운동과 나기브 마푸즈는 카릴리 시장의 이런 장소성 형성에 중요한 역할을 하였다.

아랍 문화부흥 운동인 '알 나흐다(Al-Nahda, النهضة: 자각, 계몽, 부흥)'는 19세기 말부터 20세기 초반까지 아랍 세계의 사상과 문화, 예술, 학문, 정치, 종교에까지 영향을 미친 주요 사조인데, 유럽 제국주의에 저항하는 아랍 민족주의의 형성에도 큰 영향을 끼쳤다. 이 운동에는 당시 문화적, 지정학적으로 아랍의 중심이었던 카이로 출신 지식인들과 베이루트와 다마스쿠스 출신의 지식인들이 중요한 역할을 하였다.

이들 대부분은 문인과 예술가, 학생들이었는데, 이들은 카릴리 시장의 커피하우스에 모여서 아랍의 앞날이라든가 문학과 예술의 역할에 대해 의견을 교환하고 격렬하게 토론하였다. 이들이 모인 카릴리의 커피하우스들은 그 규모가 작고, '전통' 아랍 방식으로 장식되어 있는데, 이들은 이집트 정신의 진수가 흐르는 분위기 속에서 활동하였다. 이집트의 정치적 지도자인 사드 자글룰(Sa'ad Zaghloul, 1860~1927)은 자신이 학생 시절 이 시장을 얼마나 좋아했는지에 대해 종종 이야기하곤 했다. 이들 커피하우스들 중에서 가장 오래되고 유명한 곳은 엘 피샤위(El-Fishawy)이다.

성만 알려져 있는 피샤위는 1733년부터 카릴리 시장 주변의 모스크들에서 기도를 마치고 나오는 사람들에게 아랍식 커피를 파는 커피하우스를 열었다. 그는 점차 커피 이외에 민트와 아니스 차, 물담배도 자신의 커피하우스 메뉴에 추가했다. 주변에 유명 모스크와 대학교가 인접한 엘 피샤위 커피하우스는 전통적인 실내 장식과 분위기 때문에 작가와 예술가, 음악가, 학생, 지식인들이 모이는 장소가 되었다. 노벨문학상 수상자인 나기브 마푸즈가 그중 가장 대표적인 인물이다.

그는 이 엘 피샤위 커피하우스의 별실에서 자신에게 노벨상을 안겨 준 『카이로』 3부작의 상당 부분을 썼는데, 지금도 커피하우스에는 그의 사진과 아랍어로 쓴 "신이 (카페) 주인에게 장수와 명예, 그리고 행복을 허락하소서. 당신의 충실한 아들, 나기브 마푸즈. 1982년 12월."이라는 문구가 걸려 있다. 어린 시절을 카릴리 시장에서 보낸 마푸즈의 소설에는 시장이 자주 등장한다. 그는 『카릴리 시장(Khan al-Khalili)』이라는 소설을 1945년 발표하였는데, 소설 초반부에 시장의 모습을 다음과 같이 묘사하고 있다.

> 마침내 알 아즈하르 모스크에 도착했고 새로운 목적지인 카릴리 시장을 향한다. 문제의 지역 방향으로 좁은 골목길을 걸었다. 왼쪽과 오른쪽에는 아파트 블록들이 있는데 수없이 많은 골목길과 인도들이 건물들 사이에 있었다. 건물들은 늠름한 막사처럼 줄지어 서 있어서 길을 잃어버리기에 십상이다. 건물 주변에는 손님들로 바글거리는 카페들과 간이 상점들이 드문드문 있었는데, 몇몇 상점은 타미야를 팔고, 나머지는 보석이나 음료수를 팔았다. 그리고 끝이 보이지 않는 수많은 사람이 시장에 있었는데, 몇몇은 터번을 두르고, 다른 사람은 터키모자, 또 다른 이는 스컬캡을 쓰고 있었다. 공기는 자신과 같은 사람의 신경을 확실하게 박살 내기 위해 지르는 이들의 고함과 외침 그리고 절규로 가득했다. 그는 마음이 편치 않았고 조마조마했다. (…) 그는 잠시 휴식을 취하고는 자신의 주변을 둘러보았다. 거리는 길고 좁았으며, 양옆에는 4층짜리 아파트들이 있었다. 이들은 모두 주도로와 연결된 골목으로 연결되어 있었다. 주도로와 인도는 다양한 상점들로 붐볐다. 시계 수리공, 서예가, 티메이커, 양탄자 만드는 사람, 의류 수선공, 음료수 장수 등등. 여기저기에 카페들이 흩어져 있었지만, 상점들보다 크지는 않았다.[2]

2 Mahfouz, Naguib, *Khan al-Khalili*, Anchors Books, 2008, 7~8쪽.

마푸즈의 소설 속의 카릴리 시장과 현재의 모습은 많이 다르지만 카릴리 시장 서쪽 건너편에 있는 재래시장에는 이런 모습이 아직 많이 남아 있다. 마푸즈에게 카릴리 시장은 강한 가부장적 질서, 아동 노동, 여성 폭력, 매춘 등 이집트의 부정적인 전근대적 전통이 남아 있는 곳으로, 우선적으로 '근대화'되어야 할 장소였다. 그는 자신의 소설들 속에서 이집트의 전근대성을 매우 강력하게 비판하였는데, 그로 인해 테러를 당했고, 그 후유증 때문에 만년을 고통 속에서 보냈다.[3]

카릴리 시장의 현재

현재 카릴리 시장은 주머니가 가벼운 현지인을 대상으로 물건을 파는 곳은 아니다. 중상류층을 대상으로 비교적 질 좋은 제품들이 팔리고 있는데, 주요 거래품에는 생필품이나 일상생활용품 이외에도 골동품과, 장식품, 관광 상품 등이 있다. 또한 많은 전통 수공업 상점들이 있는데, 다수의 상점은 시장 주변에서 작업장을 운영하고 있다. 특히 금은세공업이 지역 경제에 중요한 역할을 하고 있다.

중동 지역의 금세공 전통은 매우 오래되었으며, 그 솜씨도 매우 뛰어나다. 이런 금 장신구를 하고 다니는 여성을 거리에서 보기는 힘들지만, 그렇다고 장롱 속에 고이 모셔 놓고 있는 것만은 아니다. 많은 여성들이 집에서 자기만족을 위해 이런 금 장신구를 하고 지낸다. 또한 금은 여성에게 노후나 위기 상황에서의 안전자산이 되기도 한다. 카릴리 시장과 그 주변에는 금시장과 금세공 작업실들이 있다.

카릴리 시장에는 화려한 여성복을 파는 상점도 있다. 중동의 여성들은 외출할 때 여성성이나 관능미를 감추는 옷을 입고 다니지만, 외

3 이 글에서 다루지 않은 카릴리 시장 또는 이집트 서민의 미시적인 이야기에 관심 있는 독자에게는 나지브 마흐푸즈(이영태 외 옮김), 『미다끄 골목 사람들』(육문사, 1988), 나지브 마흐푸즈(허진 옮김), 『미라마르』(열린책들, 2015)를 권한다. 마푸즈가 1950년대에 발표한 카이로 3부작은 『바인알카스라인』(*Palace Walk*), 『카스라시스와크』(*Palace of Desire*), 『알술라시야』(*Sugar Street*)로 구성되어 있는데, 아직 한국어로 번역되지 않았다.

시장은 밤에 활기를 띠기 마련이다. 지역민에게 다양한 옷과 장식품을 파는 상점의 저녁 9시경 모습 ⓒ 조관연

간 남자가 없는 집 안에서는 이런 옷을 입고 지내기도 한다. 또 중동에서 향과 물담배 등은 중요한 기호품인데, 이집트의 카릴리에도 다양한 물품들이 있다. 하지만 그 모양에서는 다른 나라의 물품들과 차이가 있다. 카릴리 시장의 향 가격은 비싼 편이다.

중동의 중요한 기호품인 향과 물담배를 파는 상점 ⓒ 조관연

그 밖에도 다양한 차와 향신료, 향수를 파는 상점들이 있다. 향수는 원래 이윤이 많이 남지만, 경기를 많이 타는 품목이다. 카릴리에서 향수 사는 사람을 보기 위해서는 상당한 인내심이나 운이 필요하다. 아무래도 경기가 나쁘면 사치품부터 줄이는 것이 사람들의 인지상정이다.

시장 안의 몇몇 카페에서는 현장에서 연주하는 전통 음악을 들을 수 있다. 음악은 매우 빠르고 흥겨운 느낌을 준다. 카릴리에서 파는 관광 상품들은 약간 과장되고 값싼 느낌이 드는데, 관광객 대부분은 어차피 비싼 기념품을 잘 사지 않기 때문이다. 물론 고급스러운 관광 상품을 파는 상점들도 있어서 흥정만 잘하면 싼 값에 살 수도 있지만, 이를 위해서는 강한 정신력과 인내심이 필요하다.

시장 입구의 가장 목 좋은 곳에 있는 향수 가게 ⓒ 조관연

자살폭탄테러와 이집트 혁명 외국 관광이 붐을 이루면서 많은 관광객이 이집트로 몰려들었고, 카릴리 시장은 관광객의 필수 코스가 되었다. 고대 이집트 왕국의 기

념품들이 관광객들을 대상으로 많은 상점에서 팔리고 있는데, 이를 달갑지 않게 여기는 사람들도 있다.

일찍이 이븐 바투타가 이집트 파라오를 폭군이라고 칭하였듯이, 현재의 일부 이슬람 근본주의자들도 고대 이집트의 사회와 문화는 미신과 미망의 산물이며, 기념품을 제조하고 파는 행위가 바람직하지 않다고 생각하고 있다. 또한 아랍 세계를 억압하고, 제국주의로 부를 축적한 서구의 관광객이 카릴리 시장을 활보하고 다니는 것도 이들에게는 눈엣가시이다.

중동 문화의 특징은 음악과 구술문화가 잘 발달했다는 점이다. 카릴리 시장의 악기 상점 모습 ⓒ 조관연

2005년 4월 카릴리 시장에서는 이슬람 근본주의 집단인 이슬람형제단 소속의 일원에 의한 자살폭탄테러가 있었고 이로 인하여 21명이 사망했다(이집트인 11명, 프랑스인 2명, 미국인 1명, 미확인 7명). 이 테러는 이집트 역사상 처음 벌어진 관광객에 대한 폭탄테러로, 이 때문에 카릴리 시장을 방문하는 관광객 숫자는 감소했다. 2009년 2월 22일에도 카릴리 시장에서 또다시 폭탄테러가 발생해, 17살의 프랑스 소녀가 사망하고 22명이 부상당했다.

이 소식은 국제적인 미디어망을 통해 빠르게 확산되었으며, 많은 관광객이 카릴리 시장뿐만 아니라 이집트를 관광지로 선택하기를 꺼리기 시작했다. 2011년 이집트 혁명 이후의 정치적, 사회적 불안정도 이집트 관광산업을 거의 초토화하였는데, 이제는 카릴리 시장에서 관광객을 찾아 보기가 힘들어졌다.

이집트는 예로부터 지리적 이점을 이용한 외국과의 교역과 교류를 통해 부를 축적하고 문화적 풍요로움을 만들어 냈다. 하지만 현재 이슬람 근본주의자들로 인해 그 장점이 점차 사라지고 있으며, 카릴리 시장은 그 영향이 어떠한지를 잘 보여 주고 있다.

유목과 농경이 만나는 시장에서 시작된 역사

유라시아 초원 시장

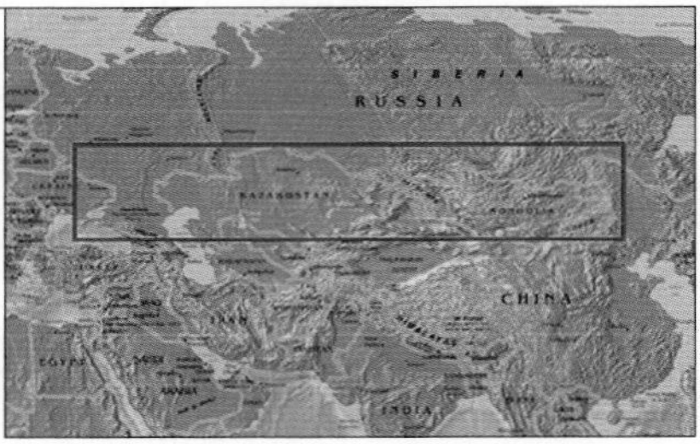

강인욱

유목문화의 등장과 시장의 발달

위치	러시아, 중앙아시아
형성 시기	기원전 7세기
상품 종류	모피, 실크, 유제품, 금속 장신구
거래 단계	소매

기원전 3,500년경 유라시아 초원 지대에 등장한 유목문화는 세계사의 흐름을 바꾸어 놓았다. 유라시아 초원 지대는 서쪽으로는 우크라이나에서 동쪽으로는 베이징 일대까지 이어지는 수천 km에 이어진다. 이곳에 기마문화와 청동기로 무장하고 먼 거리를 빠른 속도로 이동할 수 있는 유목민들이 살기 시작하면서, 세계를 거미줄처럼 잇는 교역로가 되었다. 유목인들은 시장을 통해 유라시아 곳곳에 있는 정착민들과 교류하고 각지에 새로운 기술과 문화를 전달하기 시작하면서, 유라시아의 초원 지대는 문명을 가로지르는 교차로가 되어서 세계사를 움직이는 원동력이 되었다.

황량한 초원이 유목민들 삶의 터전이 된 것은 사소한 인식의 전환에서 시작되었다. 원래 농사를 짓기에 너무 춥고 건조한 초원은 인간에게는 불모의 땅이었다. 당연한 얘기지만, 사람이 풀을 뜯어 먹고 살 수는 없기 때문이다. 하지만 기원전 3,500년경에 초원에서 풀을 주식으로 하는 동물을 키우고, 사람은 바로 그 동물의 털과 고기를 얻는 유목경제가 도입되면서 초원은 사람들이 살 수 있는 터전이 되었다. 유목민들은 동물들에게 먹일 풀이 많은 목초지를 찾아 지속적으로 돌아다녀야 한다. 그러다 보니 동물의 고기와 부산물은 풍부해도 탄수화물의 공급원인 곡물과 수공업으로 만든 생필품은 직접 만들 수 없었다. 즉, 유목민은 단독으로 살 수 없고 그들 주변에 반드시 그들과 교역을 해야 할 정착민 집단이 있어야 했다.

반대로 농사를 주업으로 하는 정착민들은 반대로 단백질의 공급원인 고기와 추운 겨울에 필요한 모피나 가죽 등이 절실했다. 게다가 유목민들과 교환하는 귀한 고기와 가죽은 다른 정착민들에게 비싸게 되팔 수 있으니, 유목민의 근처에서 사는 이득이 적지 않았다. 유목문화의 등장은 필연적으로 주변에 농사를 짓는 정착민들과 교역이 전제되어야 했고, 바로 국경의 시장에서 그들의 교류가 이루어졌다. 유목민과 정착민들은 때로는 다투기도 했지만 새로운 기술과 물품을 사이에 두고 교역하면서 서로의 부족한 점을 메우고 발전해 왔다. 유라시아의 역사는 유목과 농경이 만나는 시장에서 시작되었다.

알타이 초원의 시장

1. 고대 알타이 초원 지대의 시장

최초의 유목민과 농경민이 만나는 시장이 어디인지는 정확하지 않다. 하지만 2,500년 전 러시아 알타이의 고원 지대에서 만들어진 유목민의 무덤에서 대략적인 모습을 확인할 수 있다. 파지릭 문화라고 하는 알타이의 유목문화는 한국에서도 신라의 적석목곽분과 아주 유사하기 때문에 관심이 많다. 이 무덤 안에서는 중국제 칠기와 거울도 발견되었다. 파지릭 문화의 사람들이 중국 신장성의 오아시스 근처 시장으로 내려가서 중국제 물건을 교환한 증거이다. 또, 곡식을 갈아 먹을 수 있는 휴대용 맷돌도 함께 발견되었다. 그들은 곡식을 갈아서 마치 현재

티베트인의 짬파 같은 음식을 만들어 먹었고, 저승길에도 그 맷돌을 같이 넣어 보낼 정도로 곡식이 귀한 음식이었다.

19세기 말~20세기 초반에 중앙아시아를 여행한 러시아 탐험가 코즐로프(P. K. Kozlov)에 따르면 유목민의 대형 카라반이 정착민의 마을에 나타나서 펠트, 기름, 피혁 제품 등을 내어놓고 빵, 곡식, 차, 실크, 그릇, 은제 자잘한 장신구 등을 사 간다고 한다. 평생을 이동하는 유목민들이니 시장은 정착민들의 마을에서 열릴 수밖에 없다. 끊임없이 이동하며 유르트(천막)에서 살아야 하는 유목민들은 무겁고 거추장스러운 물건 대신에 식량과 가벼운 생활도구나 장신구들을 주로 선호했다.

초원에서 유목하는 사람들이 장사 수완이 썩 좋았을 리는 없다. 코즐로프의 기록에는 목축민들은 자신들의 양모를 같은 무게의 곡물로 교환했다고 한다. 그나마도 가뭄이라도 들어서 가축이 몰살하고 곡물의 수확도 신통치 않은데, 장사꾼의 농간이라도 심하게 부린다면 무력으로라도 자신들이 필요한 것을 얻고자 했다. 정착민들의 기록에 유목민들이 오랑캐나 폭도로 자주 묘사되는 것도 이런 이유였다. 사실, 정착민이 굳이 밑지는 위험한 거래를 했을 리 없다. 유목민과 이웃한 정착민들에게 변경의 시장은 위험부담도 많았지만, 귀한 가축과 유제품을 거래하며 다른 시장과는 비교되지 않는 엄청난 부를 쌓을 수 있었다.

2. 현대 알타이의 장터

지금도 러시아 알타이 지역에서는 유목 생활을 유지하는 유목민들의 시장이 자그마한 읍의 한편 공터에서 열린다. 잠깐 모여서 필요한 물건을 거래하고 각자의 길을 떠나면 그만이니 변변한 건물 없이 그냥 공터에서 난전을 펼친다. 알타이 공화국의 동남쪽에 위치한 우스티-칸의 읍내에서도 주말이 되면 사람들은 공터의 시장으로 모인다.

한쪽에서는 꼬치구이에 보드카 한 잔을 들이키며 세상 사는 얘기로 꽃을 피우는 알타이 아저씨들의 모습이 정겹다. 허름해 보이는 시장과 중국제 물건들은 사실 소련의 붕괴 시기에 시베리아 초원 지대의 삶을 지탱해 준 숨은 공로자이다. 원래 경공업 제품이 부족한 소련이었던 데다가 나라가 망하면서 시베리아 산간 오지는 필요한 생필품을 거의 공급받지 못했다. 다행히도 인접한 중국의 값싼 물건들이 국경을 넘어 시베리아 초원으로 들어와서 유목민들에게는 큰 도움이 되었다. 이렇듯 지난 수천 년간 시베리아의 초원 지대와 중국의 변경 지대에서는 유목민과 정착민이 공생하며 지금까지도 그 역동적인 삶을 이어 오고 있다.

소박한 알타이 고원 지역의 시장(우스티-칸 읍내) ⓒ 강인욱

만리장성과 초원의 시장

1. 만리장성과 흉노의 시장

유목민과 농경민의 공존은 중국 북방도 예외가 아니었다. 하지만 역사

적으로 중국의 왕조들은 초원과 정착민 사이의 교류를 인위적으로 끊으려 했으니, 바로 지금 중국을 대표하는 유적인 만리장성이 등장한 배경이다. 자연적인 교류를 막는 장성이 생기면서 유목민에게 중국은 시장을 통해 만나는 이웃이 아니라 정복해야 할 타인으로 바뀌었다. 그리고 수천 년간 중국은 북방 이민족의 말발굽에 유린당했다고 해도 과언이 아닐 정도로 침략을 받았다. 수많은 중국 왕조가 엄청난 희생을 감내하며 장성을 쌓았지만, 장성 때문에 침략 못 했다는 유목민족을 들어본 적이 없고 중국 왕조의 반 이상은 북방에서 내려온 정복 왕조가 만들었다. 그러니 만리장성은 중국에는 오히려 부끄러운 유적인 셈이다.

중국이 아무리 장성을 쌓고 북쪽의 이웃과 교역을 단절하려고 해도 사람들은 여전히 만리장성 근처에서 시장을 열고 서로 교류했다. 장성의 관문 근처에는 관시(關市) 또는 호시(互市)라는 이름의 장을 열어서 서로 부족한 물건을 바꿨다. 그 전에는 유목민들이 정착민들의 마을로 내려와서 장터가 열렸다면, 이제는 둘의 상징적인 경계인 만리장성이 바로 장터가 되고 문화 교류의 중심이 되는 역설적인 상황이 발생했다. 변경의 시장이 가지는 역동성을 이해 못 한 수많은 중원 왕조들은 실패했다. 대신에 만리장성은 결국 사람들의 자연적인 교류와 시장의 형성은 결코 인위적으로 막을 수 없다는 점을 보여 주는 역설적인 건축물이 되었다.

장성 지대에서 펼쳐진 시장에서 유행하여 지금도 널리 먹는 음식이 두 가지가 있으니, 바로 꼬치구이와 만두였다. 러시아어로 샤슬릭, 중국어로 러우추알(肉串)이라고 불리는 꼬치구이는 고기에 농경민족이 좋아할 만한 향료와 양념을 치고 베어 먹기 좋은 크기로 잘라서 꼬챙이에 끼운 요리로 한나라 때 흉노와 이웃한 중국 북방 지역에서 널리 유행했다. 포즈, 만티, 펠메니 등 다양하게 불리는 만두는 고기를 소로 하고 그 겉을 얇게 민 만두피로 싸서 먹는 요리로, 만들기는 다소 번거로워도 요리하기 빠르고 먹기도 좋다. 게다가 고기와 곡물이 적당히 조화를 이루어 유목민에게 부족한 탄수화물을 보충할 수 있으니 안성맞춤이었다. 한나라 때 흉노와 중국의 경계였던 쟈위관(嘉峪關)의 벽화에 남아 있는 이 두 음식의 모습에서 초원과 중국의 변경에서 유행하던 2천 년 전 시장 음식의 기원을 떠올릴 수 있다.

2. 러시아로 이어진 차의 길

만리장성을 두고 이루어졌던 중국과 초원의 교역은 근대 이후 중국-러시아의 교역으로 이어졌다. 특히 몽골과 러시아 사이의 시베리아 횡단열차가 관통하는 캬흐타와 그 건너편 청나라의 매매성(賣買城, 현재 지명은 몽골의 알탄불라그)은 대표적인 무역 거점도시였다. 당시 중국의 값비싼 차가 여기를 통해서 유럽으로 흘러 들어갔고, 반대로 유럽의 신문물이 동아시아로 들어가는 거점이 되었다. 당시 유럽에 유입된 차들은 통칭 '캬흐타차'라고 하고, 그 교역로를 '차의 길(Tea Route)'이라고 불렀다. 지금은 러시아와 몽골의 교역로가 다양해지는 바람에 캬흐타는 많이 쇠락했다. 하지만 지금도 여전히 러시아와 몽골을 넘나드

19세기 말 중국-러시아 국경 캬흐타의 차 무역을 하는 중국 상인들(캬흐타 박물관) ⓒ 강인욱

는 보따리장수와 캬흐타 곳곳의 200여 년 전에 세워진 부호들의 저택과 상가 건물이 당시의 영화를 증명하고 있다.

캬흐타 대신에 현재 러시아와 중국의 국경도시 곳곳은 여전히 번성하고 있다. 흑룡강을 따라서 블라고베센스크, 연해주는 우수리스크, 그리고 두만강 유역은 훈춘이 대표적인 거점이다. 러시아 국경도시의 대형시장은 정식 이름은 각각 있지만 그냥 현지인들은 '중국 시장'이라고 부른다. 워낙 저가의 중국 제품과 중국 상인들이 많기 때문이다. 1990년대 힘들게 삶을 이어야 했던 러시아의 서민들에게 중국 시장에서 값싼 물건은 큰 도움이 되었다. 여기에 한국의 철도가 시베리아 철도로 이어지고 사할린의 가스와 송유관이 동아시아로 연결되면 싼 물건의 대명사인 '중국 시장'이 유라시아 경제의 한 축으로 환골탈태할 날도 머지않다.

실크로드의 시장들

1. 실크로드의 시작

실크로드라는 이름은 19세기 말에 독일의 지리학자 리히트호펜에 의해 처음 명명된 것으로, 서양에서 중국으로 이르는 길이 해로뿐 아니라 유라시아를 관통할 수 있다고 보았다. 하지만, 실크로드라는 이름이 붙여지기 전부터 중앙아시아의 여러 사람들은 시장을 만들고 교역하면서 동서 세계를 이어 왔다.

자연적으로 생겨난 교역로인 실크로드가 중국 조정의 관심을 끌게 된 이유는 바로 흉노 때문이었다. 흉노가 유라시아 교역로를 장악하자 중국이 고육지책으로 사막을 관통하는 길을 개발하고자 했고, 한의 한무제는 장수 장건(張騫)에게 그 임무를 맡겼다. 흉노와 원수인 월지(月氏)국을 만나서 한나라와 통교하고 함께 흉노를 압박하자는 생각이었다. 장건은 중간에 흉노에 포로로 잡히는 등 10여 년의 고생 끝에 서역을 관통하여 대하(大夏, 박트리아라고도 함, 지금의 아프가니스탄 북부)에 도착했다. 하지만 장건이 중국인 최초로 교역로를 열었다는 감개무량도 잠시였다. 그가 대하국의 시장에 나가 보니 현재 사천성 일대에서 나는 중국제 옷감과 지팡이가 팔리고 있는 것을 보았기 때문이다(『史記』「西南夷列傳」). 이 중국 물건들은 쓰촨 지역에서 험난한 히말라야 산맥을 통해 인도로 가는 차마 고도를 통해서 아프가니스탄 지역으로 유입된 것이다.

중국으로서는 아주 먼 거리에 있는 실크로드의 도시국가들에 자

신장 국제바자르와 위구르족 상인의 모습 ⓒ 강인욱

신의 군대를 파견하고 관리하는 것은 많은 비용이 들긴 하지만 흉노와 전쟁을 치르는 비용에 비하면 효율적이었다. 어쨌든 교역로가 확보되면 이득을 얻고자 움직이는 것은 상인의 몫이니, 실크로드의 시장은 점점이 로마까지 이어졌다. 이렇듯 자연 발생적인 유목민과 정착민의 시장은 국가가 개입한 실크로드로 바뀌면서 그 성격이 변질되어 갔다.

2. 중국의 新실크로드와 신장 국제바자르

실크로드를 차지하려는 중국의 의도는 지금도 이어지고 있다. 지난 2003년에 중국 신장 성의 수도인 우룸치의 중심에 세워진 '신장 국제바자르'는 총 건축 면적이 10만㎡에 이르는 엄청난 규모로 가히 실크로드 최대의 시장이다. 전체적으로 이슬람풍의 건물로 치장하고 다양한 중앙아시아의 민족들이 모이는 새로운 실크로드의 모습을 구현했다. 수시로 중앙아시아의 민족문화 공연이 열리고 3,200m^2에 이르는 엄청난 규모의 푸드코트는 중앙아시아의 특산 음식은 물론, 전 세계의 모든 음식을 맛볼 수 있다고 광고한다. 하지만, 물건을 판매하는 사람들은 대부분 신장 위구르인들이지만, 그 자본은 모두 중국에서 온 것이고 관광객들도 대부분 중국 본토에서 온 사람들이다. 마치 2천 년 전에 중국이 실크로드에 거점도시를 만들어서 중앙아시아로 자신의 세력을 확대하려 한 것처럼 현재의 중국도 겉으로는 실크로드의 문화 융성을 외치지만, 사실은 신장 지역을 기반으로 중앙아시아로 자신들의 경제패권을 확장하려 한다.

21세기에 다시 주목받는 유라시아의 시장

중국과 로마를 잇는 비단길로 정의되는 '실크로드'라는 말에는 편견이 숨겨져 있다. 왜냐하면 그들 사이를 이어 주었던 중앙아시아의 역할을 완전히 무시한 채 동서양 끝의 강대국만 기억하자는 뜻이 내포되어 있기 때문이다. 진정한 실크로드의 주인공은 바로 중앙아시아의 험난한 초원에서 삶을 잇고 새로운 기술을 사방으로 전파했던 중앙아시아의 유목민, 그리고 그들과 함께했던 정착민들이었다. 그들을 이어 주었던 동력은 바로 시장이었다. 시장에서 서로 필요한 것을 교환하고 기술을 주고받으며 살아남았다.

얼마 전 중국의 시진핑 주석은 올해 정책의 주요 키워드로 육상과 해상 실크로드를 제시했다. 유라시아를 관통하는 기존의 실크로드에 동남아시아와 아프리카로 이어지는 해상 실크로드를 더하여 세계로 영향력을 확대하겠다는 전략이다. 중국이 역사적으로 최대의 번영을 누리던 한나라와 당나라 때가 바로 실크로드의 시장을 장악했던 때라는 것은 결코 우연이 아닐 것이다. 유라시아의 시장은 마치 2천 년 전의 세상처럼 강대국들 사이의 패권 다툼으로 시끄러워질지 모르겠다. 하지만 아무리 주변의 나라들이 그 영향력을 확대하려고 해도 겉으로는 초라해 보이는 초원의 시장에서 끊임없이 사람은 교류하며 세계사의 원동력이 될 것이다. 유라시아 시장의 맥박은 결코 멈추지 않을 것이다. 지난 수천 년을 그래 왔듯이 말이다.

일본에서 체험하는 한국의 서민문화

일본 오사카 쓰루하시 시장

이상봉

이국적이고 복고적인 분위기의 재래시장

위치	일본 오사카 시 이쿠노 구 쓰루하시 역 인근
형성 시기	1940년대
상품 종류	의식주 관련 일상품, 관광 상품
거래 단계	도·소매
개설 주기	상시

일본 오사카 시 이쿠노 구에 자리한 쓰루하시(鶴橋) 시장은 JR 칸죠(環状)선, 긴테츠(近鐵)선, 지하철 센니치마에(千日前)선이 겹쳐 지나는 쓰루하시 역을 중심으로 약 800개의 점포가 모여 형성된 시장이다. 열차가 지나는 콘크리트 고가 다리의 아래를 따라 좌우로 '쓰루하시 상점가 진흥조합'(1967년 설립)을 포함해 모두 6개의 시장과 상점가가 들어서 있다.

고가다리 위의 열차역 구내까지 식욕을 자극하는 냄새를 풍기는 야키니쿠 가게 거리를 비롯해 족발이나 김치 등 이국적인 한국 먹거리를 맛깔나게 진열하고 있는 '고려 시장', 건어물과 과일, 옷 등의 일상품을 파는 전형적인 일본 재래시장, 그리고 인근 도시의 상인들에게 매일 아침 신선한 생선을 공급하는 '선어(鮮魚) 도매시장' 등 다양한 공간이 복합적으로 존재하는 활기찬 곳이다.

쓰루하시라는 지명은 인근 히라노(平野) 천에 있던 '문헌상' 일본 최초의 다리 위에 학이 많이 모여든 데서 유래했다고 한다. 이 지역이

쓰루하시 시장의 김치 상점 ⓒ 이상봉

오랜 역사를 지닌 곳임을 짐작게 하는 대목이다.

어디서나 흔히 볼 수 있는 생활형 재래시장인 쓰루하시 시장을 관광객이 붐빌 정도로 유명하게 만든 것은 이곳 특유의 이국적이고 복고적인 분위기이다. 이 시장이 만들어 내는 한국풍의 분위기는 이국적 문화를 경험할 공간이 그리 흔치 않은 일본인들에게 매우 색다르게 다가온다.

무엇보다 한국에 직접 가지 않고도, 가공된 전시문화가 아닌 한국의 서민문화를 제대로 체험할 수 있다는 점이 매력적이다. 이러한 경험담들이 입소문으로 퍼지고 각종 미디어를 통해 소개가 이어지면서 직접 확인하려는 사람들의 발길이 이어지고 있다.

그리고 열차 고가 다리 밑에 촘촘하게 자리한 가게들, 낡은 아케이드와 좁은 골목길, 왁자지껄한 상인들 등 마치 1960~1970년대의 모습을 그대로 간직하고 있는 듯한 복고풍의 분위기는, 세련되고 편리한 쇼핑센터가 지천에 널린 시대에 사람 냄새와 서민적인 정을 느낄 수 있는 추억의 공간으로 어필하고 있다.

모두가 힘들었던 시기, 암시장에서 삶을 이어가다

쓰루하시 시장은 1945년 일본의 패전 이후 주변 지역 노점상들이 모여들면서 자연적으로 생성되었다. 당시 일본에서는 도쿄의 신주쿠 역 주변을 비롯한 각지에서 공습으로 불타거나 소개(疎開)된 곳 등의 공터를 이용한 암시장이 형성되어 미군 부대에서 흘러나온 물자 등을 사고파는 거래가 이루어졌다.

쓰루하시 시장도 그런 곳 가운데 하나였다. 비록 공터이기는 하지만 소유자가 있는 곳에 가건물을 짓고 장사를 하는 것은 엄연한 불법이었다. 따라서 이들 암시장은 1년이 채 되지 않아 경찰에 의해 해체되었고, 지금의 시장은 그 이후에 양성화되어 다시 조성된 것이다.

도쿄의 신주쿠 등 과거에 암시장이 있었던 곳의 대부분은 현재 세련된 상점가나 번화가로 변했다. 암시장이 교통의 요지 등 사람의 왕래가 많은 곳에 주로 생겼기 때문이다. 하지만 쓰루하시 시장은 당시의 흔적이 아직도 많이 남아 있는 대표적인 곳이다.

미로처럼 얽힌 좁은 골목길, 비만 겨우 막을 정도로 허름한 아케이드, 생채기처럼 드러난 녹슨 철골 등 쓰루하시 시장의 복고적(좋게 말해 복고적이지 낡았다는 말이 더 어울릴 듯한) 분위기를 자아내는 요소들은 재개발되지 못한 낙후되고 소외된 공간의 상징과도 같다. 그러나 어려웠던 시기에 힘들게 삶을 이어 간 서민들의 애환이 고스란히 남아 있는 추억의 공간이기도 하다.

재일코리안의 삶과 한류 열풍

쓰루하시 시장이 자리한 오사카시의 이쿠노(生野) 구는 이전에 이카이노(猪飼野)라 불린 대표적 재일코리안[1] 집주 지역이다. 1910년대부터 돈벌이나 강제동원 등으로 일본에 건너온 조선인들이 일찍이

1 재일코리안이라는 용어는 재일조선인, 재일한국인, 재일동포 등 시기나 상황에 따라 다양하게 표현된 용어들을 통칭하는 의미로 사용된다.

1920년대 중반부터 이곳에 집단 거주지를 형성했고, 해방 후에도 많은 사람들이 그대로 남아 살고 있다.

한창때에는 이카이노 주민의 절반 이상이 재일코리안이었으며, 현재도 구 단위로 보면 전체 주민의 1/4가량을 차지하고 있다. 그 까닭에 시장에서 물건을 팔거나 사는 사람들 중에 재일코리안은 빠질 수 없는 존재다.

원래 쓰루하시 시장에서 거래되던 한복이나 한국 음식 및 식재료는 재일코리안의 수요에 따른 것이었다. 재일코리안은 일상에서 김치나 나물 등의 한국 음식을 즐겨 먹었고 제사나 명절 등의 한국 풍습을 지키며 살았다. 따라서 이를 위해 필요한 식재료들이 생활시장으로서의 쓰루하시 시장에서 거래되었다.

김치 등 한국 식재료를 파는 가게. 한글과 일본어를 병기한 간판이 눈길을 끈다.
ⓒ 이상봉

오사카의 이쿠노 구가 재일코리안의 최대 집주 지역으로 자리 잡아 가면서 쓰루하시 시장은 인근뿐 아니라 일본 도처에 거주하는 재일코리안들이 찾는 곳이 되었다. 1960년대까지만 해도 명절을 앞두고 각지에서 장을 보기 위해 모여든 재일코리안들로 시장 안은 걷기가 힘들 정도였다고 한다.

쓰루하시 시장이 지역 주민과 재일코리안을 주 고객으로 하는 생활형 시장에서 벗어나, 외지의 일본인이나 관광객을 상대로 한 이른바 체험·관광형 시장으로 바뀐 것은 1980년대 이후부터라고 할 수 있다. 특히 1988년의 서울 올림픽과 2000년대의 한류 드라마 붐 등으로 한국에 대한 일본인의 인식이 크게 달라지면서 한국 음식과 상품으로 특화된 체험·관광형 시장으로 부각된 것이다.

일본에서의 한류 붐은 한일 간의 정치적 관계 등의 영향을 많이 받는 편이라 이곳의 분위기도 부침을 겪고 있고, 최근 들어 인기가 시들해진 느낌 또한 부정하기 힘들지만 이곳이 일본 내의 한류와 밀접한 연관을 가진 곳임은 여전하다.

그렇다고 이곳이 한류 관광의 공간인 것만은 아니다. 여전히 지역 주민의 생활형 시장도 겸하고 있어 시장을 찾는 고객은 지역 주민인 일본인과 재일코리안, 한국 문화를 체험하고자 하는 외지의 일본인, 다문화 공간에 관심을 가진 한국인을 포함한 외국인 관광객 등 매우 다양하다.

잘 알려진 한국 식당 아리랑. 한류 붐의 주역 이영애는 그대로인데 배용준은 장근석으로 바뀌었다. ⓒ 이상봉

냄새, 색깔, 맛으로 느끼는 이국적 풍경

쓰루하시 시장이 가진 이국적이고 이색적인 분위기는 눈, 코, 입의 원초적 감각을 통해 강렬하게 다가온다. 시장에 미처 들어서기도 전에 방문객을 먼저 반기는 것은 특유의 냄새이다. 많은 일본인들이 쓰루하시 시장 하면 야키니쿠 가게를 떠올린다.

화려한 간판에 좁은 골목을 사이에 두고 양쪽으로 쭉 늘어선 야키니쿠 가게 거리는 고기 굽는 냄새와 연기로 자욱하며, 바로 위 고가 다리를 달리는 열차에까지 냄새가 전해져 퇴근길의 승객들을 유혹한다. 저녁 시간에 열차를 타고 지나친 사람이라면 한 번쯤 내려 가게에 들러 볼 생각을 했을 것이다.

이러한 고기 굽는 냄새에다 주변에 즐비한 김치 가게의 매운 양념 냄새, 생선과 지짐이 굽는 냄새, 찡하게 쏘는 홍어회 냄새 등 평소에 접하지 못했던 강렬한 냄새들이 더해지면 그야말로 이색적인 냄새의 공간이 만들어진다.

일본 환경성에서는 풍부한 냄새와 그 원천이 되는 자연이나 문화를 보전하여 후세에 전하기 위해 일본의 '냄새 풍경 100선'을 정한 바 있는데, 쓰루하시 시장이 거기에 포함됐었다. 일부에서는 그다지 유쾌하게 여기지 않는 시선도 있지만, 함께 선정된 다른 냄새 풍경들과 비교할 때 쓰루하시의 냄새는 서민적이면서도 이색적이다.

JR 쓰루하시 역 개찰구를 나와 시장 입구로 들어서면 화려한 색상의 한복 가게와 형형색색의 만국기가 방문객들의 시선을 끈다. 이와 함께 한국어가 병기된 간판과 상품 이름들, 부산, 대구 등의 알 만한 한국 지명들, 족발이나 떡볶이, 지짐이 등 일본에서는 좀체 보기 힘든 비주얼과 빛깔의 식품들이 쭉 진열되어 이국적 풍경을 더한다.

이곳에서 파는 한국 음식들은 한국의 재래시장에서도 쉽게 보기 힘들 정도의 옛 모습을 간직한 것에서부터 김치 샌드위치와 김치 케이크 등 창의적인 퓨전 음식에 이르기까지 매우 다채롭다. 한국에 직접 가지 않고도 현지의 재래시장에서만 맛볼 수 있는 서민적 맛을 체험할 수 있다는 것이 쓰루하시 시장의 매력이자 경쟁력이다.

색동저고리가 걸려 있는 한복 가게. 한국의 색을 강하게 느끼게 한다. ⓒ 이상봉

한국 문화가 소비되는 공간, 코리아타운

쓰루하시 시장은 한국의 먹거리나 상품을 파는 시장으로 유명하지만 재일코리안만의 시장은 아니다. 시장을 구성하는 6개의 상인회 가운데 하나인 선어 도매시장은 1951년에 창립되어 오사카는 물론 주변 도시의 상인들에게 매일 신선한 생선을 공급하는 역할을 하고 있으며, 시장의 1번가 골목은 일본 여느 도시의 생활형 시장과 마찬가지로 일본식 잡화 상점가로 구성되어 있다.

시장의 메인 골목을 지나 동쪽 끝에서 큰길을 따라 약 1km 정도 남쪽으로 내려가면 일명 코리아타운으로 불리는 미유키도오리(御幸通り) 상점가가 나온다. 동서로 약 500m에 걸친 가로변에 자리한 이곳은 1925년에 개설된 쓰루하시 공설시장의 후신이다. 상가의 모습은 쓰루하시의 고려 시장에 비해 잘 정비되어 있다.

코리아타운의 동쪽 입구. 색감과 문양이 코리아타운임을 드러낸다. ⓒ 이상봉

이곳에는 한류 붐을 타고 문을 연 한류 숍이 곳곳에 자리하고 있다. 한류 붐의 주역인 〈겨울연가〉 배용준의 모습은 사라졌지만 〈대장금〉 이영애의 대형 브로마이드는 여전히 건재하다.

없는 것 없이 다 있는 것 같은 한국의 인스턴트 라면과 과자들, 각종 김치를 비롯한 한국 식품과 식재료, 일본인에게는 그리 익숙하지 않은 과일인 참외, 일본인들이 원래는 먹지 않았지만 지금은 즐겨 찾는 곱창, 한국인에게조차 낯설어 보이는 족발 절인 것, 외형에 멋을 가득 낸 한국 음식점, 간판에 군데군데 적힌 한글 등으로 이곳이 일본 내에서 한국 문화가 소비되는 공간임을 확인하기란 그리 어렵지 않다.

그런데 조금만 주의 깊게 살펴보면 식재료나 해녀, 제주 할망 같은 상징물 등에서 제주도와 관련된 흔적들이 유난히 많음을 알 수 있다. 과거에 제주인의 거리[2]로 불릴 정도로 제주도에서 건너온 사람들이 많았고 그 이후로도 제주도와 이곳을 잇는 네트워크가 작동하고 있기 때

2 이주가 한창이던 1928년 당시 이카이노에 거주하던 사람들의 80% 이상이 제주도 출신자여서 이카이노는 제주인의 거리라고 불렸다. 이준식, 「일제강점기 제주도민의 오사카 이주」, 『한일민족문제연구』 3, 2002, 25쪽.

문이다.

그래서 보편적인 한국 문화로 포섭되지 않는 로컬한 제주 문화를 확인할 수 있는 것도 이곳이 가진 재미이자 의미이다. 특히 행상이나 거리에서 좌판을 깔고 시작하여 지금은 할머니가 되거나 대를 이어 장사를 하고 있는 이곳 시장의 어머니들은 한국의 손맛과 인심을 상징하는 존재라 할 수 있다.

과일·야채 가게에 진열된 참외. 참외는 일본인들에게 생소한 과일이다. ⓒ 이상봉

미유키도오리 상점가의 별칭이 코리아타운이라고 해서 이곳 상인들의 대부분이 재일코리안이고, 판매되는 상품 역시 한국 상품뿐일 거라 생각하면 오산이다. 원래 공설시장 안쪽 골목에서 불법으로 행상을 하던 재일코리안들이 빈 가게가 생길 때마다 상가로 진출해 지금은 약 6할의 가게를 차지하고 있지만 일본인 상점주도 적지 않다. 따라서 코리아타운의 상점 가운데는 일본의 전통 의상이나 먹거리를 파는 곳이 적지 않다.

그리고 자세히 살펴보면 이곳에서 파는 한국식 상품들은 한국에서 바로 수입되어 온 것도 있지만, 일본인의 식생활이나 취향에 맞춰 변형된 것도 적지 않다. 이곳의 주역인 재일코리안이 문화적 융합의 상징이기 때문이다. 방문자들의 입소문을 타고 화제가 된 김치 토스트나 김치 케이크는 이곳에서만 맛볼 수 있는 것으로, 김치를 이렇게까지 응용할 수 있다는 것에 그저 놀라울 따름이다.

코리아타운에 설치된 백제문은 이 지역이 과거에 백제와의 교류의 중심지였음을 표상하지만 현재에도 재일코리안과 일본인을 하나로 묶는 공통된 상징으로서의 의미를 지닌다.

코리아타운 서쪽 입구에 설치된 백제문. 일본어와 한글로 병기된 "오이소, 보이소, 사이소"라는 문구가 인상적이다. ⓒ 이상봉

코리아타운의 일본인 상점주가 상가를 코리아타운으로 이름 짓는데 동의한 것은 이곳을 한국 상품 특화시장으로 만드는 것이 마케팅의 측면에서도 효과적이라는 판단에 따른 것이지만, 지역에서 함께 생활하고 있는 재일코리안의 문화를 받아들이려는 노력의 결과로 평가해도 좋을 것 같다.

이러한 까닭에 코리아타운은 한국 문화의 상징적 공간이면서 동시에 다문화 공생의 공간이기도 하다. 코리아타운의 상점회는 2009년부터 매년 11월에 '이쿠노 코리아타운 공생축제'를 개최하고 있으며, 이를 통해 코리아타운을 한국과 일본 문화가 융합된 거리로 표상하고

자 한다. 이곳에 가게를 열어 지금까지 장사를 하고 있는 재일코리안 어머니들의 삶 자체가 문화적 융합과 공생의 상징이 아닐까 한다.

남아공 흑백차별의 상징

남아공 케이프타운 그린마켓과 워터프런트 쇼핑센터

서상현

인종차별은 철폐되었지만 여전히 남아있는 경제 불평등

위치	케이프타운
형성 시기	17~19세기
상품 종류	아프리카 전통 공예품 및 생활용품에서 고급 명품 제품까지 다양
거래 단계	소매
개설 주기	상시

남아프리카공화국(이하 남아공)은 남한의 12배 면적에 약 5천5백만 명의 인구를 보유한, 아프리카 최남단에 위치한 국가이다. 남아공은 정치·경제적으로 아프리카에서 가장 선진화된 국가로 아프리카의 유일한 G20 국가이며 국제사회에서 아프리카를 대표하고 있다.

남아공의 정치·경제는 1994년 민주화가 이뤄지고 인종차별 정책인 아파르트헤이트(Apartheid)가 폐지된 후 국제사회의 일원으로 복귀하면서 크게 변화했다. 아파르트헤이트란 아프리칸스어[1]로 '분리', '격리'라는 의미로, 1948년 남아공 국민당 정부가 유색인종 차별을 목적으로 입법한 정책이다.

아파르트헤이트는 모든 사람을 백인, 흑인, 컬러드(Coloured),[2] 인

1 남아프리카공화국의 공용어. 네덜란드 출신 이주자들의 후손이 써 오던 네덜란드어가 독자적인 변화를 거치면서 성립된 언어임

2 남아공의 혼혈 인종. 이주 백인과 원주민 사이에서 태어난 후손이며, 이후 백인과

도인 등의 인종 등급으로 나누어, 인종별로 거주지와 출입 구역을 분리하고, 통혼을 금지시키는 등 정치, 경제, 문화 분야에서 시행된 철저한 분리 정책이었다.

아파르트헤이트의 철폐 이후 정치적으로는 1994년에 실시된 남아공 최초의 다인종 선거에서 넬슨 만델라가 흑인 최초로 대통령에 당선된 뒤 현재까지 흑인 대통령을 배출하고 있다. 그러나 경제적으로는 여전히 전체 인구의 10%도 되지 않는 백인들이 전체 부의 40% 이상을 차지하는 불평등이 계속되고 있다.

이로 인해 남아공은 세계에서 빈부 격차가 가장 심한 수준이며, 빈부 격차를 나타내는 지니계수가 0.63(2013년 기준)으로 브라질, 러시아 등과 함께 가장 높다. 2013년 기준으로 백인 가정의 연평균 소득은 흑인 가정보다 6배나 많은 구조로 흑백 간의 경제적 차별이 여전히 진행 중이다.

대형마트 중심의 남아공 시장

남아공의 시장은 아프리카의 여타 국가들과 많은 차이점을 보이고 있다. 남아공은 백인들이 350년 이상 지배한 국가로 시장 형태가 백인들이 만든 구조를 지니고 있으며 대부분 대형마트를 중심으로 발전했다. 따라서 한국에서와 같은 전통시장은 거의 볼 수 없고 장을 본다는 개념은 곧 대형마트에 간다는 것을 의미한다.

물론 흑인들의 경우 동네의 노점상들이 있긴 하지만, 대부분 구멍가게 수준으로 과자나 과일, 식음료 등을 판매하는 정도다. 이로 인해 남아공에는 '울워스(Woolworths)', '숍라이트(Shoprite)', '픽앤페이(Pick n Pay)', '매스마트(Massmart)', '스파(Spar)' 등의 대형 유통업체

말레이시아인 등 다양한 인종 간의 결혼으로도 생겨났다. 아파르트헤이트 시절에는 유색 인종으로 분리되어 차별을 받았다.

남아공의 흑인 노점상 ⓒ 서상현

가 시장 역할을 하고 있다.

대형마트는 2015년 기준으로 남아공 소매시장의 84%를 차지하는 반면 재래시장은 8%에 불과하다. 한국은 최근에 전통시장을 보호하기 위해 대형마트의 강제 휴무 등을 실시하고 있지만, 남아공은 대형마트의 확대와 경쟁력을 통해 남아공뿐 아니라 전체 아프리카 시장을 장악하고 있다.

그러나 위에서 언급한 것처럼 남아공의 경제적 불평등은 시장 구조에서도 엿볼 수 있다. 즉 흑인들은 아직까지 같은 흑인들을 대상으로 자그마한 구멍가게와 노점상 중심의 장사를 하고 있는 반면, 백인들은 백인과 흑인 중산층, 아시아계인들을 주요 고객으로 대형마트와 쇼핑센터 중심의 장사를 하고 있다. 이는 백인 정부의 아파르트헤이트가 철폐된 오늘날에도 경제 불평등에 기인한 인종차별이 여전히 잔존함을 엿볼 수 있는 시장 구조인 셈이다.

남아공의 주요 대형마트들 ⓒ 서상현

흑백 간의 차별적인 시장 특성을 볼 수 있는 대표적 사례는 남아공 최대 도시 중 하나인 케이프타운의 그린마켓(Green Market)과 '빅토리아 & 알프레드 워터프런트(Victoria & Alfred Waterfront)'를 들 수 있다.

케이프타운의 옛 시청 주변에 있는 그린마켓은 흑인들이 주로 운영하며 대부분 가내 수공으로 만든 물품들을 거리와 광장의 노점에서 파는 시장이다. 시장을 이용하는 손님들도 대부분 흑인이거나 흑인 전통 물품을 구입하려는 외국 관광객들이다.

반대로 백인들이 대부분의 상점 소유권을 지니고 있는 워터프런트 쇼핑센터는 손님들의 대부분이 백인 혹은 외국인들이다. 특히 워터프런트는 남아공뿐 아니라 아프리카 최대 쇼핑센터로 과거 남아공 백인들의 화려했던 일상을 상징하는 대표적 명소이기도 하다. 이들 두 시장을 비교해 보면 흑백 인종차별이 가져온 남아공의 왜곡된 시장 구조를 알 수 있다.

노예 거래의 역사가 서려 있는 그린마켓

백인들의 화려함이 돋보이는 케이프타운 중심부에서 흑인들의 소박한 삶을 엿볼 수 있는 대표적인 시장이 그린마켓이다. 그린마켓의 역사는 16, 17세기에 유럽에서 인도로 가던 뱃사람들이 케이프타운에 들러 필요한 물건들을 거래하면서 시작되었다.

이 시장은 특히 유럽의 대항해 시기 때 유럽의 뱃사람들과 이곳의 정착민들이 농산물을 거래하면서 중요한 시장으로 변모했다. 이후 그린마켓은 케이프타운에서 가장 오래되고 생동감 넘치는 시장 중 하나가 되었다.

롱 스트리트(Long Street)와 세인트 조지 몰(St Georges Mall) 사이에 위치하고 있으며 그린마켓이 있는 광장은 올드 타운 하우스(Old Town House)[3]가 건설된 1696년에 만들어졌다. 그린마켓은 수백 년을

3 1840년에서 1905년까지의 시청사

거치면서 다양한 모습으로 변모했다.

19세기에 이 광장은 그린마켓 광장으로 이름을 변경했고 백인들이 자신들의 노예를 통해 이곳에서 신선한 과일과 야채 등을 판매했다. 광장에서 일하는 노예들은 맨발에 옷을 거의 걸치지 않았으며 다른 노예들과 이야기를 나누면 체벌을 받았다.

또한 노예들은 10시 이전까지 각자의 집으로 들어가야 했으며 주인에게 반항하면 죽음을 면치 못했다. 즉 노예들은 주인이 시킨 물건을 그린마켓에서 팔아야 했고 인간적인 대접은 거의 받지 못했다. 또한 이 광장은 1834년 노예 제도가 공식 철폐되기 이전까지 노예가 거래된 장소로, 아프리카 흑인들과 말레이시아 원주민들의 슬픈 역사가 서려 있는 곳이기도 하다.

남아공 속의 작은 아프리카

이후 이 지역은 백인 정권 시절에는 주변에 국회의사당 등 행정 건물들이 있어 흑인들이 백인 정책에 항의하는 집회 장소로 쓰이기도 했고 청과물을 주로 판매하는 상인들이 노점을 이루기도 했다.

1994년 흑인 정권 수립 후 이 광장은 주로 흑인 상인들이 청과물과 목각 및 철제, 천으로 만든 수공예품 등 다양한 아프리카 기념품을 판매하는 벼룩시장으로 자리 잡았다. 현재 그린마켓은 케이프타운에서 가장 흥미로운 야외시장의 하나가 되고 있으며 다양한 종류의 행상인들이 바틱[4]과 구슬 세공, 조각 등의 아프리카 전통 물품을 판매하고 있다.

특히 코사족, 줄루족 등 남아공 전통 부족의 물품들뿐 아니라 동아프리카의 마사이족에서 서아프리카의 세네갈에 이르기까지 아프리카 각지의 많은 종족 전통을 결합한 대륙 횡단적인 상품을 취급하고 있어

4 수공으로 염색한 화려한 천. 원래는 염색 기법을 뜻하는 말임

남아공 속의 작은 아프리카를 연상시키기도 한다. 따라서 케이프타운 시민들뿐 아니라 외국 관광객들까지 아프리카 방문 기념 선물로 이 물건들을 구입하는 경향이 있다.

역사적 건물들과 공존하는 그린마켓

센트럴 감리선교 교회 ⓒ 서상현

그린마켓 광장 주변에는 올드 타운 하우스(Old Town House)뿐 아니라 광장 남쪽에 1871년 고딕 양식으로 지어진 센트럴 감리선교(Central Methodist Mission) 교회가 있다. 그리고 광장 인근에 케이프타운 최초의 성채인 굿 호프 성(Castle of Good Hope)이 위치해 있는데, 이 건물은 네덜란드 동인도회사에 의해 건설된 남아공에 현존하는 가장 오래된 식민 시대 건물이다. 현재는 박물관으로 활용되고 있다.

이들 역사적 건물들과 어울리지 않을 듯한 물건들이 그린마켓에서 팔리는 것도 이색적이다. 광장 주변을 둘러싸고 있는 노점 좌판들에는 플라스틱 재활용품으로 만든 약간은 조잡한 토속품들, 또 흑인들이 철사를 구부려 만든 수공예품들이 펼쳐져 있다. 이와는 대조적으로 훌륭한 재질을 이용해 정교하게 목각한 가면과 인물상 및 동물상 등도 주요 판매 품목 중 하나이며 관광객들에게 큰 인기를 끌고 있다.

그린마켓은 워터프런트의 잘 정리되고 깨끗한 이미지와는 달리, 광장 주변 건물에 입점되어 있는 카페나 레스토랑, 일부 기념품 가게

전통 공예품과 가방 등 일상용품 가게 ⓒ 서상현

아프리카 전통 장식 가게 ⓒ 서상현

들을 제외하고는 주로 수레 등의 이동수단을 이용한 조그마한 가게들이 광장 내에 무질서하게 자리 잡고 있다.

또한 흑인들이 대부분 가게를 운영한다는 것도 워터프런트와 비교되는 점이다. 그러나 이러한 무질서하고 영세한 가게들로 인해 보다 자유롭게 물건 값을 흥정하고 친근감 있는 대화가 오간다는 점에서 한국의 재래시장과 유사한 분위기를 띠고 있다.

그린마켓 광장에서는 거리 공연가와 드럼 연주자, 저글러, 마임 연기자 등 구경꾼들 앞에서 자신의 재능을 팔며 생계를 유지하는 사람들도 많다. 이들은 딱딱한 시장 분위기에 생동감을 불어넣으며 외국인 관광객들을 불러 모으는 데 큰 역할을 하고 있다.

백인들의 영광이 깃든 워터프런트 쇼핑센터

빅토리아 & 알프레드 워터프런트(이하 워터프런트)는 남아공 백인들의 역사와 맥을 같이하고 있어 백인시장의 상징이라 할 수 있다. 따라서 남아공 백인 정권의 아파르트헤이트 시절은 물론이고 흑백차별이 사라진 지 20년이 넘는 오늘날에도 워터프런트 쇼핑센터의 고객들 대다수는 백인들 혹은 외국 관광객들이 차지하고 있다.

워터프런트의 정문 입구 ⓒ 서상현

워터프런트 쇼핑센터는 유명 국제 브랜드에서부터 남아공 지역 산품의 부티크, 전통 공예품이나 농산품들을 파는 다양하고 흥미로운 상점들이 모여 있다. 이 쇼핑몰은 케이프타운 시민들의 일상적인 시장이기도 하지만 남아공에서 가장 인기 있는 여행 지역으로서 케이프타운을 찾는 수백만 명의 관광객들이 쇼핑을 하고 여가를 보내는 곳이기도 하다.

산과 바다가 만나는 도시 케이프타운의 중심부에 위치한 이 쇼핑몰은 1860년경부터 항만의 역할을 해 왔다. 당시 설립된 동인도 무역 루트가 이 항구 지역을 교역의 중심지로 바꾸면서 오늘날 남아공 백인들이 주요한 만남을 갖고 여가를 보내는 시장이 형성되었다.

워터프런트 개발의 역사

워터프런트가 위치한 케이프타운은 1488년 포르투갈인 바르톨로메우 디아스(Bartolomeu Dias)에 의해 처음으로 서방 세계에 알려졌고, 1497년 항해사 바스코 다 가마(Vasco da Gama)가 풍랑을 만나 상륙한 곳이 바로 희망봉(Cape of Good Hope)이었다.

워터프런트 개발의 역사는 1652년까지 거슬러 올라간다. 이 시기에 네덜란드 동인도회사(Dutch East India Company)의 얀 반 리벡(Jan van Riebeeck) 일행이 도착해 이곳을 아시아 항로의 중간 보급기지로 만들었다.

이들은 먼저 현재 워터프런트가 위치한 테이블 만(Table Bay)에 항만을 건설했다. 케이프 지역의 높은 파도로 많은 배들이 침몰하자 이 당시 네덜란드 상선 사령관이었던 얀 반 리벡이 테이블 만 주변에 작은 방파제를 쌓으면서 19세기까지 항만의 역할을 하게 된 것이다.

네덜란드 동인도회사는 이곳에서 희망봉을 돌아가는 상선들에게 신선한 야채와 과일, 식수 등을 공급하고 대신 상선으로부터는 유럽이나 동남아에서 가져온 물건들을 대가로 받는 등 시장의 기능이 이곳 테이블 만에서 시작되었다.

1806년 영국은 유럽의 나폴레옹 전쟁을 틈타 케이프 지역을 점령하고 이 지역을 식민화했다. 영국은 항만 개발에 큰 관심이 없었으나 1858년 6월 심각한 겨울 폭풍으로 30척의 배들이 난파되는 사고가 발생하자 1859년 테이블 항만을 본격적인 항구로 만들기 위한 건설 계획을 세웠다. 1860년 9월 17일 영국 빅토리아 여왕의 둘째 왕자인 알프레드가 케이프 지역을 방문하면서 케이프타운 최초의 현대식 항구 건설을 위해 방파제를 쌓기 시작했다.

건설 시작 10년 만인 1870년에 여러 정박지 중 첫 번째가 완공되어 왕자의 이름을 딴 알프레드 정박지(Alfred Basin)로 명명되었다. 그러나 이 정박지는 귀항하는 배들의 수가 증가하고 선박의 크기가 커짐에 따라 너무 협소해져, 약 35년 후 빅토리아 정박지(Victoria Basin)가 다시 완공되었다. 이로써 케이프타운은 1930년대까지 남부 아프리카의 관문 역할을 수행하게 되었다.

알프레드 왕자의 이름을 딴 쇼핑몰 ⓒ 서상현

현대적인 워터프런트의 탄생 1937년 남아공 의회는 새로운 심해 항구를 빅토리아 & 알프레드 정박지(Victoria & Alfred Basins)의 남부 지역에 건설하기로 결정하고 1938년 착공해 1945년에 완공했다. 새로운 항구의 건설로 케이프타운의 도시 규모는 커졌지만, 기존의 빅토리아 & 알프레드 정박 지역은 물동량 감소 등으로 인해 상대적으로 침체되었다.

따라서 이 지역의 재개발을 위해 1984년 케이프타운 시장 크리너(Alderman Sol Kreiner)가 위원회를 만들고 도심 지역과 이 항구 지역을 연결하는 도심 재건축을 시도했다. 1985년 남아공 교통 및 환경 관광부 장관에 의해 설립된 운영위원회가 조사 끝에 1987년 정부에 빅토리아 & 알프레드 정박 지역을 쇼핑·관광 지역으로 만드는 방안에 대한 보고서를 올렸고 남아공 정부는 1988년 6월 이 보고서를 채택했다.

이후 1988년 11월, 남아공 공공 운송회사인 트랜스넷(Transnet)이 지분 100%를 투자해 빅토리아 & 알프레드 워터프런트 법인을 설립했으며 기존 지역에서 도·소매, 관광, 주거지 개발을 시작했다. 이후 1992년 현재의 모습으로 최종 완공되어 종합 쇼핑타운으로 재탄생했다.

남아공 최대의 쇼핑타운

워터프런트는 123헥타르 부지에 소매업체, 호텔, 레스토랑, 영화관 등이 입주해 있으며 지난 10년간 약 2천억 랜드(약 16조 원)의 경제가치를 창출한 남아공 최대의 쇼핑타운이다. 현재 워터프런트 내엔 울워스, 픽앤페이 등 남아공의 대표적 유통업체들을 포함한 약 450여 개의 업체들이 입점해 있다.

점포의 품목은 은행 등의 금융, 패션, 가전제품, 보석류, 제과, 음식류, 가구, 통신 등 대부분을 망라하고 있다. 이 밖에 1995년에 개장한 수족관과 해양사 박물관 등이 있어 단순한 쇼핑타운뿐 아니라 관광지로도 인기가 높다.

워터프런트는 크게 생활용품이나 명품점, 극장 등이 있는 복합 쇼핑센터와 푸드마켓, 피쉬마켓 등으로 구성된 다양한 레스토랑, 그리고 남아공 최고의 호텔들이 있는 숙박지 등으로 구성되어 있다. 이 외에 야외공연장 및 놀이시설, 카페 등이 있으며 인근에는 현대적인 상점 외에 벼룩시장 형태의 공예품 시장도 있다.

복합 쇼핑센터는 2층으로 되어 있으며 영화관을 비롯해, 다양한 생활용품과 식재료 등을 판매하고 있는 대규모 유통업체, 유명 화장품 및 의류업체, 그리고 복도의 조그마한 양말 가게에 이르기까지 다양한 점포에서 상품들을 판매하고 있다.

특히 서민들은 울워스나 픽앤페이 등에서 주식인 빵과 우유, 남아공의 대표적 차(茶) 중의 하나인 루이보스티와 커피 등 다양한 생활용품을 구입한다. 여유가 있는 외국인들과 부유한 사람들은 명품 옷과 가방, 보석류 등을 쇼핑하며 시간을 보내기도 한다. 이 복합 쇼핑센터는 남아공의 다른 지역에 비해 상품 가격은 조금 비싼 편이지만, 대형 마트 체인점의 판매 가격은 대부분 다른 지역과 비슷한 수준을 보이고 있다.

시장을 넘어 종합 휴식처로 복합 쇼핑센터를 벗어나면 쇼핑객들이 쉬어 갈 수 있는 야외 카페들이 늘어서 있다. 이 야외 카페에서는 케이프타운의 상징이라 할 수 있는 테이블 마운틴(Table Mountain)[5]과 바다를 조망하면서 간단한 식사와 커피 등을 즐길 수 있다.

쇼핑을 하다가 배가 고프면 신선한 생선과 육류를 맥주와 함께 먹을 수 있는 푸드·피쉬마켓이 있다. 케이프타운 인근에서 잡은 신선한 어류와 남아공산 소고기 및 양고기 등 다양한 메뉴들이 있다. 특히 대부분의 가게에 자신들이 직접 제조한 다양한 맥주가 있어 음식 맛을 돋게 한다.

워터프런트에는 패스트푸드점, 카페, 캐주얼 레스토랑에서 고급 레스토랑까지, 80개가 넘는 다양한 식당이 있다. 특히 생선과 육류 등은 맛이 좋고 가격이 저렴한 편이어서 많은 관광객들이 찾고 있다. 이 밖에도 워터프런트는 아이들을 위한 다양한 놀이시설과 해양 레저시설을 갖추고, 다양한 거리 공연을 제공하는 등 케이프타운뿐 아니라 남아공 최대 시장으로서의 역할을 하고 있다.

5 케이프타운 희망봉에서 북쪽으로 약 50km 떨어진 반도 북단에 있는 해발 1,086m의 산

화려함의 이면에 감춰진 어두운 과거

그러나 워터프런트의 이러한 화려함의 이면에는 흑인들의 어두운 과거가 감춰져 있다. 아파르트헤이트 시절 시작된 워터프런트의 건설은 흑인들의 저임금을 착취하며 진행되었고, 완공된 뒤에는 흑인들의 쇼핑몰 이용이 금지되었던 것이다. 현재는 쇼핑몰 접근이 허용되고는 있지만, 낮은 소득으로 인해 정작 흑인들은 이곳에서 쇼핑과 여가를 즐길 수 있는 길이 제한되어 있다.

위에서 설명한 바와 같이 남아공 시장은 전통과 현대가 공존하고 있는 형태로서 인근 아프리카 국가들뿐 아니라 한국의 시장 구조와도 다름을 알 수 있다. 이는 유럽에서 건너온 백인 중심의 생활문화가 수백 년간 지속되면서 형성된 것으로 특히 인종차별 정책을 통해 생겨난 백인 위주의 사회 시스템이 시장문화 형성에 큰 영향을 미쳤기 때문이다.

특히 넓은 영토와 적은 백인 인구로 인해 시장 형성의 집중화를 가져왔고 이는 자연스럽게 대형마트와 전문 매장들이 하나로 모이는 대형 쇼핑센터를 위주로 한 시장의 형성으로 이어졌다. 이러한 시장 구조는 흑인 정권이 수립된 지 20년이 넘었지만 아직도 바뀌지 않고 있는데, 이는 경제를 여전히 백인들이 지배하고 있기 때문이기도 하다.

시장은
곧 삶이다

목장에서 석유 채굴장을 거쳐 시장이 되다

미국 로스앤젤레스 농민시장

박규택

위치	미국 로스앤젤레스 페어팩스 구역, 페어팩스 대로와 교차하는 장소
형성 시기	1934년 7월
상품 종류	농산물, 식품, 각국 음식
개설 주기	상시

시장은 소란스럽지만 생기가 넘치고, 볼거리가 많은 곳이다. 또한 사람과 사람 혹은 사람과 물건이 관계를 맺는 장소이다. 농부 혹은 상인은 자신의 물건 가격이 낮고 질 좋다는 점을 큰 소리로 시장 사람들에게 전달한다. 시장에 모여든 사람들은 물건들을 자세히 살펴보고 마음에 들면 가격과 양을 흥정한다. 이 과정에서 서로 간에 믿음이 형성되기도 하지만 가끔 양쪽의 목소리가 높아지면서 싸움이 일어나기도 한다. 또한 사람들은 단조로운 일상생활에서 벗어나 세상이 변화하는 모습을 보고 듣기 위해, 장터에서 펼쳐지는 마술, 놀이, 축제 등을 구경하기 위해 시장에 간다. 이러한 역동적이고 다채로운 모습은 전통 사회의 정기시장에서 흔히 볼 수 있었다.

시장경제의 팽창, 교통과 정보·통신 기술의 발달 등으로 인해 전통시장은 하나둘 사라지고 대형상가, 백화점, 홈쇼핑 등의 현대적 시장이 등장하게 되었다. 이들은 대형화되고 소수의 거대 기업들이 국가 경계를 넘어 세계적 규모에서 생산과 판매 체계를 수립·운영하고 있고, 이에 따른 부정적 효과가 나타나고 있다. 따라서 이에 대한 대안으로 서구 사회는 친환경 혹은 로컬 농산물을 선호하며 나아가 생태 농업의 활성화, 지역 공동체 회복의 운동이 전개되고 있다. 이러한 시대적 상황 속에서 탄생한 시장이 농민시장(farmers market)이다.

LA 농민시장 입구 ⓒ shutterstock

농민시장은 특정한 공간, 즉 주차장, 거리, 공공장소 등에 농민이 직접 생산한 농산물 혹은 식품을 차량에 혹은 임시적으로 만든 테이블에 진열하여 팔고, 지역 주민 혹은 외부인들은 진열된 상품을 자세히 살펴볼 뿐만 아니라 생산지, 가격, 품질 등에 관한 정보를 농민으로부터 직접 듣고 구입하는 장소이다. 또한 농민시장은 공연과 축제의 개최를 통해 지역민 혹은 외부인들이 모이는 공간으로 혹은 전시회, 결혼식 등이 가능한 공간으로 활용되고 있다.

현대적 시장의 발전을 주도하고 있는 미국에서 1990년대 이후 농민시장이 지속적으로 증가하여 현재 8천 개 이상의 농민시장이 농산물 생산 시기에 맞추어 열리고 있다. 거대도시인 LA에 여러 개의 농민시장이 있는데, 이 가운데 오랜 전통을 지니고 있으며, 또한 주민과 외부인들에게 널리 알려진 곳이 LA 농민시장이다. 이 시장에서는 캘리포니아 지역의 농민들이 생산한 신선한 농산물과 식품이 거래되고 있을 뿐만 아니라 다양한 형태의 가게들이 자신들만의 전통과 개성을 지닌 음식을 판매하고 있다. 또한 이 시장은 LA를 방문하는 많은 관광객들이 찾는 명소이기도 하다.

캘리포니아 남부의 목장이 원유 채굴장으로, 그리고 '농민시장'이 되기까지

1900년대 초반까지 LA는 캘리포니아 남부에 광활하게 펼쳐진 비교적 평탄한 지역이었으며, 중심 경제 활동은 농업과 목축업이었다. LA 페어팩스(Fairfax) 구역의 두 개의 도로, 3번가(The Third Street)와 페어팩스 대로(Fairfax Avenue)가 만나는 지점에 위치한 LA 농민시장은 1880년에 길모어(A. F. Gilmore)와 동료가 이 일대에 목장을 구입하면서 시작되었다. 길모어는 공동 소유의 토지를 분할한 이후 목장 규모의 확대에 필요한 물 공급을 늘리기 위해 지하수를 개발하던 도중에 석유를 발견하게 되었다. 1800년대 후반 캘리포니아에서 이미 석유가 발견되었기 때문에 길모어 목장에서도 석유가 나올 가능성이 있었고, 지하수 조사를 위한 굴착 과정에서 의도하지 않은 행운의 석유가 나왔다.

이후 길모어 석유회사가 설립되었고 목장은 원유 채굴장으로 바뀌었다. 그리고 미국에서 늘어나는 자동차에 석유를 공급하기 위해 많은 수의 주유소(Gilmore Gas Station)를 서부 해안에 세웠다. 이 당시 주유소의 모형이 현재 시장의 중심부이자 인접한 야외 쇼핑가인 그로브(the Grove)로 왕래하는 전차(trolley) 주차장 부근에 세워져 있다. 그러나 LA의 인구가 증가하고 도시의 중심지가 외부 지역으로 확대되어 길모어 가족이 소유한 토지가 시가지 지역으로 지정됨에 따라 이곳에서 원유 채굴은 더 이상 할 수 없게 되었다.

1930년대까지 길모어 가족이 소유한 토지의 대부분은 사용되지 않는 땅으로 남아 있었다. 세계 경제가 불황의 늪으로 빠진 대공황 시기인 1930년대에 두 명의 기업가, 벡(F. Beck)과 헬름(R. Dahlhjelm)이 당시 길모어 회사의 실질적 운영자인 길모어 2세(E. B. Gilmore)에게 공터로 남아 있는 토지를 활용할 방안들을 제시하였다. 그가 몇 가지 방안들 가운데 하나인 '농민시장'의 아이디어를 받아들임에 따라 현재의 LA 농민시장이 탄생하게 되었다.

두 기업가가 제시한 '농민시장' 아이디어는 사용되고 있지 않은 토지를 지역 농민이 생산한 농산물을 가져와 소비자들에게 직접 팔 수 있는 장소로 활용하자는 것이었다. 1934년 7월에 소수의 농민들이 현재 시장이 위치한 곳에 신선한 농산물을 차량으로 가져와 소비자와 직접 거래를 시작한 후 수개월이 지나지 않아 농민시장은 LA 주민들이 농산물을 구매하고 음식을 사 먹고 즐길 수 있는 공간으로 변모하였다.

LA농민시장을 상징하는 시계탑 ⓒ http://www.farmersmarketla.com

LA 농민시장을 상징하는 시계탑(Clock Tower)은 1948년 시장의 중심에 세워졌으며, 1952년 길모어 경기장(Gilmore Stadium)에 CBS TV 방송국(CBS Television City)이 설립되었다. 따라서 방송국 직원과 방문객들이 이웃에 위치한 농민시장에 들러 신선한 야채와 과일을 구입하거나 다양한 종류의 음식을 사 먹는 장소가 되었다.

또한 이 시장은 할리우드(Hollywood)의 스타들과 인연을 맺으면서 유명하게 되었다. 세계 영화산업의 중심지인 할리우드가 가까운 곳에 위치하고 있기 때문에 많은 배우들이 농민시장을 찾아 농산물을 구입하거나 봉사 활동을 하였다. 예를 들면, 1936년 적십자 모금 운동에 할리우드의 스타들이 농부시장 상점의 계산대에서 일을 하였고, 1953년 미스 치즈케이크에 선발된 마릴린 먼로(Marilyn Monroe)는 치즈케이크 가게의 개업식에 참석하여 농민시장에 대한 애정을 표시하였다. 할리우드의 유명 배우뿐만 아니라 비틀즈(the Beatles), 시나트라(Frank Sinatra) 등의 해외의 스타들과 아이젠하워(Dwight Eisenhower) 대통령도 농민시장을 방문하였다.

시장의 안과 밖, 그리고 이국적인 음식들

LA 농민시장은 세 구역으로 나누어져 있다. '북쪽 시장(North Market)'이라 불리는 구역에 길모어 은행, 우체국, 어린이 놀이터 등이 자리 잡고 있다. 중앙에는 넓은 주차 공간이 있으며, 동편에 농민시장을 상징하는 시계탑이 세워져 있다. 그리고 시계탑 왼쪽 아래에 전차 주차장이 있고, 이를 타고 인접한 실외 쇼핑가인 그로브로 왕래할 수 있다. 마지막으로 남쪽에 건물들이 연결되어 구성된 직사각형 공간 내부에 다양한 종류의 개별 가게들이 질서 정연하게 배열되어 있다. 외곽의 크고 작은 건물들 사이에 15개의 문이 설치되어 이를 통해 시장에서 일하는 사람과 방문객들이 출입하고 있다. 내부 공간의 동쪽과 서쪽에 공연이나 파티를 위한, 혹은 고객 혹은 관광객들이 만나서 이야기하고 음식을 먹고 즐길 수 있는 야외 공간(West & East patio)이 있다.

LA 농민시장과 가까운 곳에 유명한 곳들, 할리우드, CBS 방송국, 비벌리힐스(Beverly Hills), 코리아타운 등이 위치하고 있다. 따라서 LA

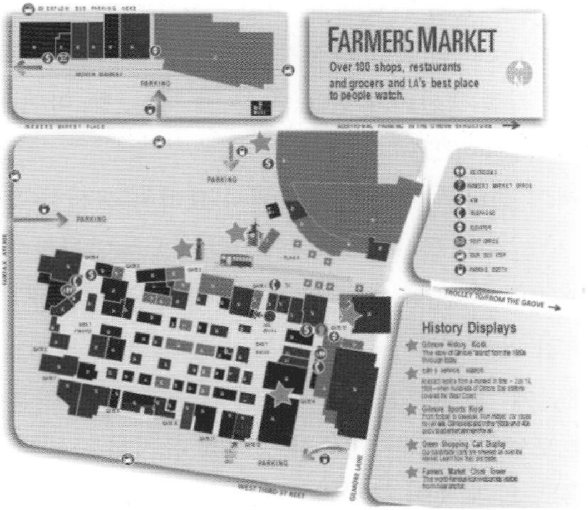

LA 농민시장 공간 구조

를 찾는 많은 사람들은 이들과 연계하여 농민시장을 관광한다. 할리우드와 비벌리힐스는 농민시장의 북쪽과 서북쪽에 위치해 있으며, 후자는 세계적 스타 연예인들의 거주지로 잘 알려져 있다. LA 한인들의 생계와 생활의 중심지이며 한국인과 외국인 관광객들이 많이 찾는 코리아타운은 농민시장에서 멀지 않은 동쪽에 자리 잡고 있다.

시장은 공식적으로 아침 9시에 개시되지만 이보다 이른 시간에 상인들은 자신들의 가게 문을 열고 손님을 맞이할 준비에 분주하다. 조그마한 가게들 사이의 좁은 통로에 놓인 테이블과 의자에 가벼운 아침 식사를 위해 가족들이 모이기도 하고, 혼자 식사를 하면서 신문을 읽기도 하고, 인터넷으로 정보를 찾거나 가만히 앉아 주위를 구경하는 사람들이 섞여 있다.

LA 농민시장은 농산물과 특별 식품, 음식과 음료를 파는 가게, 선물·옷·책을 파는 가게 등으로 구성되어 있다. 이들의 대부분은 전통과 특성을 가진 소규모의 개별 가게이지만 전 세계에 점포를 갖고 있는 커피 전문업체인 스타벅스도 입점해 있다. 각국의 다양한 음식들 가운데 LA 주민 혹은 관광객 입맛에 맞춘 한국의 음식을 파는 가게(La Korea)가 서쪽 야외 공간의 북쪽 가장자리에 자리 잡고 있다. 그리고 농부 혹은 상인들이 직접 생산한 농산물, 육류, 소시지, 빵, 아이스크림 등을 파는 소규모 가게들이 모여 있다.

시장에서의 색다른 체험은 즉석에서 요리한 신선한 음식을 먹고, 친근하거나 낯선 사람들을 만나는 일이다. LA 농민시장에서 매일 아침 한 가게(BoB's Coffee & Doughnuts)에 막 구운 달콤한 냄새를 풍기는 도넛을 사기 위해 긴 줄을 선 사람들이 있다. 도넛과 커피를 파는 이 가게는 1948년에 개장하였고, 1970년에 주인과 가게 이름이 바뀐 이후에도 수제 도넛을 만드는 전통적 방식을 유지하고 있다. 아침과 오후에 천 개 정도의 도넛이 구워지고 있으며, 향기로운 맛과 열기가 남아 있는 도넛을 사기 위해 시간을 맞추어 가게에 줄을 선 풍경을 볼 수 있다. 홈메이드 아이스크림을 파는 가게(Bennett's Ice Cream)도 있다.

1963년에 문을 연 이 가게는 신선한 재료들을 이용하여 다양한 맛을 내는 아이스크림을 만들고 있으며, 이 과정을 방문객들이 직접 볼 수 있다.

축제가 열리는 시장: 마드그라 공연과 길모어 자동차 전시회

전통시장에는 이색적인 물건뿐만 아니라 놀이, 공연 등 볼거리가 많아 사람들이 모여들었다. LA 농민시장에서도 연중 다양한 행사가 이루어져 방문객들이 즐기고 동참한다. 전통시장에서의 공연, 축제 등은 구경거리일 뿐만 아니라 방문객들이 직접 참여하는 놀이판이었다. 그리고 이들 행사는 전통적 질서, 권위, 관습을 조롱하거나 희망의 의미를 내포하고 있었기 때문에 일상생활 속에서 억눌려 살던 일반인들에게 정신적 해방감을 줄 뿐만 아니라 세상을 달리 보는 기회를 제공한다. LA 농민시장에서의 공연, 파티, 축제는 사회·정치적 비판 기능은 약해지고 상업적 기능이 강화되었지만 방문객들에게 여전히 볼거리와 재미를 제공하고 있다.

LA 농민시장에서의 첫 번째 축제는 시장이 개장된 그해 10월에 '가을축제'란 이름으로 개최되었고, 현재에도 형식과 내용은 다르지만 지속되고 있다. 연중 크고 작은 공연, 축제 등의 행사가 진행되고 있는데, 대표적인 것으로 마드그라(Mardi Grass)와 길모어 자동차 전시회(Annual Gilmore Heritage Auto Show)를 들 수 있다.

'화요일의 축일(Fat Tuesday)'로 알려진 마드그라는 LA 농민시장에서 1989년에 처음 시작된 이후 매년 개최되고 있다. 이 축제는 프랑스 이민자들이 유럽에서 가져온 것으로 미국 남부의 도시인 뉴올리언스(New Orleans)에서 시작되었다. 마드그라는 종교적으로 예수의 고난과 부활의 의미를 담고 있다. 즉, 예수의 고난 기간인 '재의 수요일(Ash Wednesday)'로부터 부활절까지 금식, 참회 등의 절제된 생활이 지켜져야 하는데, 이것이 시작되기 전날인 화요일에 개최되는 축제였다. 현재는 종교적 의미가 퇴색되어 겨울을 지난 '봄의 축제'로 가면과 분장, 특이한 옷차림과 장신구 등으로 치장하여 일상생활을 탈피한 모습을 한 사람들이 모여 거리를 행진하면서 연주와 놀이를 하고, 거리의 구경꾼들에게 구슬 목걸이와 같은 선물을 던져 준다. LA 농민시장과 주변 도로에서 펼쳐지는 마드그라는 행사에 참가하는 사람들과 이를 구경하는 많은 사람들이 서로 어우러져 한바탕 흥겨운 축제의 장이 마련되고 있다.

1994년 LA 농민시장이 개장한 지 60주년을 기념하고 길모어 석유회사의 흔적을 기억하는 뜻으로 길모어 자동차 전시회가 처음으로 시장에서 열린 뒤, 많은 사람들이 관심을 보이게 됨에 따라 매년 6월 첫 번째 토요일에 개최되고 있다. 길모어 석유회사는 자신들이 소유한 목장 지대에서 원유를 채굴했을 뿐만 아니라 미국 서부 지역에 많은 길모어 주유소를 세워 자동차 확산에 기여하였다. 또한 회사 소유의 토지에 길모어 경기장이 건설되었고, 여기서 덮개가 없는 소형 경주용 자동차 대회가 열렸다.

이런 전통을 기반으로 1994년 이후 정기적으로 자동차 전시회가 열리고 있으며, 여기에 일반적으로 보기 힘든 다양한 종류의 고전적인 모형의 자동차가 선보이고 있다. 자동차 전시회가 열리는 날에는 자동차 애호가, 가족, 관광객들이 모여 이색적이고 고전적인 자동차를 구경하고, 농민시장에서 물건을 구입하거나 음식을 사 먹으면서 즐거운 시간을 보낸다.

LA 농민시장은 지역 농민들이 생산한 야채와 과일, 소규모 가게에서 만드는 이국적인 요리들, 각국의 사람들이 모이는 곳이었다. 또한 이곳은 LA의 대중적 관광 명소로 알려져 있다. 이러한 특성은 농민시장이 개장한 이후부터 현재까지 지속되고 있으며, 개별 가게들은 자신들만의 전통과 색깔에 자부심을 갖고 있다. 방문객은 시장의 과거와 현재, 상업적 활동과 사회·문화적 활동, 친근한 사람과 이국적 사람, 대량 생산의 식품과 특정한 수제품 혹은 친환경적 농산물 등이 섞여 있는 것을 보고 체험한다. LA 농민시장은 다양한 것들이 서로 얽혀 언제나 새로운 모습을 보이고 있으며, 하나의 고정된 시선으로 해석되기를 거부한다. LA 농민시장에서의 즐거움, 추억, 거부감, 지혜 등은 온전히 고객 혹은 방문객의 몫이다.

메콩델타의 자연과 삶이 맥동하는 곳

베트남 껀터 까이랑 수상시장

엄은희

껀터, 어머니 강 메콩이 만든 풍요의 땅

위치	베트남 껀터 시(메콩델타)
형성 시기	18세기 말 자연 발생 1980년대 개혁개방 후 활성화
상품 종류	지역 농산물(과일, 화훼), 일부 가공 제품 및 식음료
거래 단계	도매
개설 주기	새벽 시장

까이랑 수상시장(Cái Răng Floating Market)이 자리한 껀터(Cần Thơ)는 메콩 강의 끝자락에 위치한 메콩델타(Mekong Delta)의 중심지이자 베트남에서 4번째로 큰 도시(인구 150만 명)이다. 메콩 강은 중국 윈난 성 티베트 고원에서 발원하여 대륙부 동남아 5개 국가(상류로부터 미얀마, 태국, 라오스, 캄보디아, 베트남)의 국경과 내륙 산지, 평야를 두루 거쳐 남중국해에 이르는 동남아시아의 대표적인 국제하천이다.

총연장 4,180km로 세계에서 12번째로 길고 유량이 10번째로 풍부한 메콩 강은 대륙부 동남아시아 국가들의 역사, 사회정치 체제, 나아가 문화 형성에 다대한 영향을 미쳐 왔다. 이 강의 이름은 나라마다 다르다. 최상류인 중국에서는 '검푸르게 물결치는 강'이란 뜻의 란창 강(瀾滄江, Lanchang Jiang)으로 부르며, 캄보디아에서는 '위대한 강'이

까이랑 수상시장 ⓒ 엄은희

란 뜻의 톤레툼(Tonle Thum)으로 부르기도 한다.

이 강을 대표하는 이름이자 가장 잘 알려진 이름인 메콩은 태국과 라오스에서 동일하게 호명하는 매남콩(Mae Nam Kong)에서 유래했다. 문자 그대로 풀이하면 '어머니의 강'을 뜻한다. 메콩 강의 최하류에 해당하는 베트남의 남서단 메콩델타에서는 '아홉 용의 강'이란 뜻을 가진 송쿠롱(Song Cùu Long)으로 불린다.

여기서 남중국해까지의 연장거리는 200km에 불과하다. 4,000km 가까이 달려온 이 강은 베트남의 메콩델타를 만나 십여 개의 지류와 수백 개의 하도로 갈라지며 복잡한 운하망을 갖춘 드넓은 평야를 만들어 냈다.

메콩델타는 어머니의 강이 선사한 풍요의 진면목을 볼 수 있는 곳으로, 베트남의 행정구역상 중앙직할시인 껀터 시를 비롯해 안장 성, 벤째 성, 빈롱 성 등 13개 지역이 포함된다. 이 지역에서 베트남 쌀의 50% 이상, 해산물의 65%, 양식업과 과일의 60~70%가 생산된다.

메콩델타는 오랜 기간 반복되어 온 계절성 범람이 제공하는 영양물질 덕분에 베트남 최대의 풍요로운 식량 창고로 기능해 왔다. 이처럼 풍부한 농어업 생산량이야말로 까이랑을 비롯한 베트남 수상시장이 생길 수 있었던 최대의 배경이다.

전쟁과 공산화로 자취를 감췄던 시장

과거 메콩델타 지역에는 백여 개가 넘는 수상시장이 존재했지만, 오늘날 상업적 규모를 지닌 곳은 11개 정도에 불과하다. 이 중에서도 껀터 시의 까이랑 수상시장이 규모가 가장 크고 유명하다. 까이랑 수상시장은 태국 방콕의 수상시장처럼 좁은 수로에서 관광객용 상품들이 거래되는 곳과는 차원이 다르다. 하폭이 100m를 족히 넘는 큰 강의 한가운데 수백 척의 배들이 떠 있고 하루 평균 1,500~2,000명 정도가 찾는 큰 규모의 새벽 도매시장이다.

까이랑 시장은 특히 네 개의 강과 수로의 교차점에 위치해 있어 농산물을 팔려는 농민들과 지역의 상인들 모두에게 접근성이 좋다. 메콩델타에서 가장 크고 최근에도 성장하고 있는 껀터 시를 끼고 있다는 것도 큰 장점이다.

델타 지역에서 수상시장이 처음 형성된 것은 18세기 말까지 거슬러 올라간다. 당시에는 지역 농민들이 쪽배를 이용해 강변 마을에 잉여 농산물을 판매하는 수준이었다고 한다. 판매자와 구매자가 강 중간에서 만나는 지금의 모습보다는, 판매자가 구매자를 찾아 좁은 수로까지 이동하는 행상에 가까웠다.

제2차 세계대전과 인도차이나전쟁 기간 중에 수상시장은 대부분 자취를 감춰 버렸다. 당시 이 지역은 남베트남 정부의 지배하에 있었는데, 당국에서 수상시장의 쪽배들을 타고 공산 반군이 기습해 올 가능성을 우려해 시장을 금지시켰다. 하지만 계속된 전쟁으로 지역의 논밭이 파괴되거나 방치되면서 농업 생산량이 급감한 것이 보다 본질적인 원인일 것이다. 당장 먹고살 것도 부족한 전쟁의 와중에 시장이 형성되는 것 자체가 어려웠을 것이기 때문이다.

긴 전쟁이 끝나고 베트남이 통일된 이후에 수상시장은 다시 모습을 드러낼 수 있었다. 하지만 델타의 하천들에서 수상시장이 활성화된 것은 사회 전반에 자유로운 시장 거래가 허용된 1980년대 도이머이 개혁개방 이후다.

메콩델타 수상시장의 형성 배경 메콩델타에서 수상시장이 발달할 수 있었던 원인은 무엇일까? 첫째, 무엇보다 우호적인 자연환경, 즉 델타의 복잡한 하도 시스템 덕분이다. 메콩델타에는 다양하게 갈라지고 합수하는 복잡한 하도망이 발달해 있다. 강은 아주 깊거나 얕지 않으며 크고 작은 배들이 교차할 수 있도록 하폭도 적절하다. 유속도 거칠거나 빠른 편이 아니라서 닻을 내린 상태에서는 배가 떠밀릴 우려가 적다고 한다. 이처럼 우호적인 자연조건으로 인해 다양한 배들이 강 중간에 모여 농산물을 사고파는 시장이 자연스럽게 발달할 수 있었다.

둘째, 습지와 수로가 많은 자연환경 때문에 이 지역의 육상 교통은 매우 더디게 발달했다. 그렇다 보니 메콩델타에서의 보트나 뗏목은 다른 지역의 오토바이만큼이나 중요한 교통수단이다. 최근엔 이 지역도 도로 교통 조건이 크게 개선되었다지만, 당분간은 크고 작은 보트가 교통수단이자 상거래 수단으로 계속 유지될 것이다.

셋째, 개혁개방 이후의 경제 성장은 농업 부문에도 영향을 미쳤다. 까이랑 수상시장의 주요 거래 품목은 인근 농촌 지역에서 재배한 각종 과일, 채소, 화훼류로, 식량용 곡물이나 해산물이 아니라 나름의 환금성 작물이다. 잉여 농산물이 충분하다 보니 수상시장과 같은 대안적 유통 채널도 생겨나게 된 것이다. 이러한 농산물의 특성상 장기 저장은 불가능하고 또 벌크 단위의 농산물 유통에는 육상 물류보다 수운 물류가 보다 효과적이기도 하다.

마지막으로 수상시장은 빈곤한 상인들에게 진입 장벽이 낮다. 베트남에서 강은 국가 소유이고 따라서 베트남 국민이라면 누구든 사용과 접근이 가능하다. 육지의 상설시장에 매장을 갖기 위해서는 임대료에서 세금까지 소요되는 비용이 상당하다. 수상시장의 상인들은 대체로 이러한 비용을 감당하기 어려운 처지의 사람들이다. 이들에게 수상시장은 고되지만 열심히 일하면 충분한 경제적 보상을 얻을 수 있는 생계 활동의 장이 될 수 있었다.

수박 도매 거래 모습. 작은 배의 상인은 마을과 육지시장의 소매상이다. ⓒ 엄은희

새벽에 활기를 띠는 수상시장 껀터 도심에서 5km 떨어진 까이랑 수상시장은 메콩델타에서 가장 유명한 수상시장이다. 이 시장은 이른 새벽에 시작되어 대부분의 거래가 오전 중에 마감되는 새벽시장이다. 오전 3시면 장사 준비를 하는 배들로 강 내부가 이미 분주해지기 시작하며, 5~6시경에 시장 거래는 최고조에 달한다. 관광객들은 조금 늦은 아침 7~8시 사이에 몰려든다.

이때쯤 까이랑 수상시장은 크고 작은 상선들과 관광객을 태운 배들, 이 배들 사이를 요령 있게 헤쳐 나가며 아침 식사와 커피를 파는 쪽배들로 한가득이 된다. 대부분의 거래는 오전 10시 내외면 종료된다. 그 시간 열대의 햇살은 이미 따갑다. 물론 축제나 음력설 즈음에는 하루 종일 장이 서기도 한다.

수상시장의 독특한 홍보 방법인 장대를 이용한 꺼이베오 ⓒ 엄은희

이 시장에는 구매자들이 물건을 쉽게 찾을 수 있는 독특한 방법이 있다. 꺼이베오(Cây Bẹo)가 그것이다. 꺼이베오는 농산물을 가득 싣고 있는 벌크선의 뱃머리에 꽂혀 있는 대나무 장대로, 장대 끝에는 그 배에서 판매하는 농산물 샘플이 걸려 있다.

몰려든 인파의 흥정 소리에, 큰 배 사이를 오가는 쪽배들의 모터 소리까지 더해져 수상시장은 늘 시끄럽다. 이런 상황에서 꺼이베오는 멀리 떨어진 구매자들에게까지 자신의 상품을 홍보하는 유용한 수단이 된다. 덕분에 구매자들은 먼 거리에서도 자신에게 필요한 물건을 파는 배를 향해 바로 다가갈 수 있다.

참고로, 꺼이베오에 농산물 대신 지붕 잇는 재료인 니빠(Nypa)잎을 매단 것은, 배 자체를 다른 이에게 넘기고 육지에서 새 삶을 시작할 수 있게 되었다는 것을 의미한다. 이처럼 집 짓는 재료를 내거는 행위는 이제 곧 고단했던 물 위의 삶을 벗어나 땅 위에 집을 짓고 살게 되리라는 가족의 희망과 기대의 징표처럼 읽힌다.

갈수록 다채로워지는 시장 풍경 거래자와 관광객들이 늘면서 시장의 품목과 사람들도 점점 다양해졌다. 오늘날 수상시장에서는 농촌에서 온 상인들이 필요로 하는 각종 생활용품이나 의류를 비롯해 상인과 관광객을 대상으로 아침 쌀국수, 커피나 음료수, 담배를 파는 수많은 소상인들을 만날 수 있다.

최근엔 복권만 전문적으로 판매하는 상인도 나타났다고 한다. 이들의 배는 큰 배들로 가득 찬 수상시장을 요리조리 파고들어야 하기 때문에 훨씬 작고 날렵하다. 강변 주유소나 강변 정비소 등의 특별한 경관을 만날 수도 있다. 손님들이 물 위에 주로 있다 보니 이런 상점들이 길이 아닌 강 쪽을 바라보고 있는 것이다.

이 시장은 비단 여행사의 단체 관광 프로그램이 아니더라도 얼마든지 구경할 수 있다. 껀터 시의 강변에는 개별 관광객들을 상대로 짧은 수상시장 투어를 제공하는 작은 배들이 무수히 많다. 관광객들은 이런 배들을 물 위의 택시 삼아 시장 구경에 나설 수 있다.

애환이 담겨 있는 물 위의 삶 수상시장에서 물건을 파는 상인들은 주로 껀터 인근의 농민들이지만 제법 거리가 있는 이웃 성(province)에서 오는 이들도 적지 않다. 이들은 까이랑 강변에 닻을 내리고 물건이 다 팔릴 때까지 몇 날 며칠을 배 위에서 생활한다. 이런 배에는 가장뿐 아니라 온 가족이 함께 타고 있는 경우가 종종 있다. 이들에겐 배가 물 위의 이동식 집(mobile home)인 셈이고, 따라서 배 위에서 모든 삶이 이루어진다.

배 위에서 생활을 해야 하니 온갖 일상도구가 배 안에 갖추어져 있다. TV 수신용 안테나와 식수통과 빨랫줄은 기본이다. 종종 동남아인들이 사랑하는 애완동물인 새를 키우는 배들도 눈에 띄고, 매일 먹는 채소류(상추나 고수풀 등)를 키우는 화분까지 갖춘 배들도 있다. 밤사이 몰래 배에 올라타 물건을 훔치는 도둑들을 대비해 개를 키우는 배들도 있다. 이 경우 개는 든든한 가족의 일원이 된다.

까이랑 수상시장이 유명해지면서 이곳의 풍경을 담은 사진과 다큐멘터리들도 많이 제작되었고, 물 위의 사람들 중 특별한 사연을 가진 이들은 유명세를 얻기도 했다. 까이랑 수상시장의 국수 장수 띠엡 할머니가 대표적이다.

37년째 물 위의 사람들에게 국수를 팔아 온 띠엡 할머니는 이 지역의 유명 인사다. 그녀의 국수를 맛보기 위해 미국과 싱가포르의 유명 요리사가 방송국 제작진과 함께 찾아온 적도 있을 정도다. 이 할머니는 2016년 한국에서 제작된 한 다큐멘터리[1]의 주인공이기도 하다.

상인과 관광객을 대상으로 아침 국수를 파는 띠엡 할머니. 수많은 다큐의 주인공이다. ⓒ 엄은희

1 EBS 다큐 영화 <길 위의 인생> (2016. 7. 25. 방영)

이렇게 유명세를 타면 이들의 삶이 크게 변화될까? 다큐멘터리 카메라가 쫓아간 그녀의 물 밖 생활을 보면 그렇지 않다. 유명해진 뒤에 좀 살 만해졌으리라는 기대와 달리 그녀의 집은 강변의 가난한 수상가옥 마을에 있다.

육지에 가까이 있지만 여전히 지붕 올린 배가 홀로 사는 할머니의 집이다. 그나마 있던 수상가옥이 지난해 화재로 불타 버린 뒤 배가 그녀의 임시 거처가 되어 있다고 한다. 편차는 있겠지만 수상시장 상인들 중에는 띠엡 할머니처럼 베트남에서 경제적으로 가장 취약한 계층이 상당수에 달한다.

국가 무형문화유산 지역으로 지정되다

매일 새벽 까이랑에서 펼쳐지는 수상시장의 활기와 삶의 역동성은 점점 더 많은 관광객들을 불러들이고 있다. 하루 평균 350~400대의 배들이 동원되고 상거래와 관광에 참여하는 이들도 평균 2천 명에 달한다고 한다. 건기에는 외국인 관광객들의 수가 더 늘고 우기에는 지역 주민들이 다수를 차지하는 정도의 차이는 있지만 수상시장의 규모는 대체로 비슷하게 유지되고 있다.

까이랑 수상시장을 찾는 이들이 많아지면서 베트남 중앙정부와 껀터 시도 이곳을 관광자원으로 만들기 위해 노력하고 있다. 껀터 시 정부는 2016년 초에 단순히 관리·감독을 강화하는 수준을 넘어 수변 화장실과 쓰레기장의 설치, 여행사에 대한 관리·감독까지 하며 까이랑 수상시장을 지역의 대표적인 관광자원으로 만들겠다는 포부를 밝혔다.

2016년 7월에 베트남 문화관광부는 까이랑 시장을 국가 무형문화유산 지역(National Intangible Cultural Heritage Site)으로 지정했다. 백여 년 전 가난한 지역 농민들의 자구책에서 시작된 수상시장이 현재 메콩델타를 대표하는 관광 명소가 된 것이다.

수상시장의 관광객들 ⓒ 엄은희

까이랑 수상시장은 많은 볼거리가 있지만 해결해야 할 문제들도 많은 곳이다. 배 위의 상인들의 경우 변변한 화장실을 갖추지 못한 경우가 많다 보니 대부분 강을 화장실로 이용한다. 팔고 남은 농산물이나 각종 음식물 쓰레기들을 그대로 투기하는 것도 수질오염을 악화하는 주요인이다.

그러함에도 까이랑 수상시장은 베트남 남부의 독특한 자연-사회 경관과 문화를 맛볼 수 있는 역동적 삶의 현장이다. 새벽을 깨우는 가난하지만 부지런한 상인들과 이들의 모습을 사진과 두 눈에 담으려는 관광객들이 뒤섞이며 시장은 더욱 다채로워지고 있다.

까이랑 수상시장은 지역 최대 도매시장으로서의 역할과 대표적 관광지로서의 명성이 조화롭게 공존하고 있다. 시끌벅적한 새벽 수상시장에서 진한 삶의 향기와 메콩델타의 풍요를 느껴 보고 싶은 이들이라면 한 번쯤 찾아 볼 만한 곳이다.

츄파춥스 색의 과일과 하몽이 가득한

스페인 바르셀로나 보케리아 시장

장세룡

바르셀로나, 카탈로니아의 중심도시

위치	스페인 바르셀로나
형성 시기	1836년
상품 종류	농수축산물
거래 단계	소매
개설 주기	상시

스페인 북동부 카탈로니아(Catalonia) 지방 인구 162만(2009년 현재)의 항구도시 바르셀로나는 수도 마드리드와 함께 스페인의 출입구이며 제2의 도시이다. 바르셀로나 엘 프랏 공항에 내리면 스페인어 안내판에 카탈루냐(Catalunya)어가 병기되어 있다. 그리고 좁은 도로에 교통 정체로 유명한 바르셀로나 시내로 들어가면 집단주택과 건물에 노란 바탕에 '네 개의 붉은 줄'이 선명한 다양한 크기의 깃발이 많이 내걸린 것을 볼 수 있다. 다름 아닌 카탈로니아 주 깃발이다.

카탈로니아는 중세 시대 아라곤 왕국의 한 공국으로서 이베리아 반도의 역사에서 중심 지역으로 역할을 해 왔고, 1469년 아라곤의 페르디난드 2세와 카스티야의 이사벨라 1세의 정략결혼으로 통일 국가 스페인이 성립되자 분리 독립을 계속 모색해 왔다. 1979년 11월 18일 자치법령으로 지방정부와 지방의회가 설립되면서 분리주의 목소리가 공개적으로 표출되기 시작했고, 최근에는 집권 카탈로니아 통합당(CIU)은 물론 좌파 정당도 가담하여 분리주의 정당들이 지방의회의 다수당이 되었다. 그 결과 2014년 9월 영국의 스코틀랜드가 전 세계적인 관심을 끌면서 분리 독립 찬반 투표를 실시할 때, 카탈로니아 역시 분리 독립 찬반 투표를 선언하여 국제적 이목을 끌었다. 물론 헌법재판소가 헌법에 위배된다는 판결을 내려 분리 독립 여부를 묻는 주민투표는 폐기되고 상징적인 여론조사가 진행되었지만 81%가 독립을 지지했다.

사실 현재 면적 31,950km^{2}에 인구 760만의 카탈로니아에 카탈로니아인(Catalanes)은 20~30%에 지나지 않는다. 그럼에도 주민들이 분리 독립을 압도적으로 지지하는 배경은 무엇인가? 그것은 유로화 통화권에 포섭된 스페인 경제가 위기를 맞으면서 가장 부유하고 상공업이 발달한 지역인 카탈로니아의 역동적 경제 활동의 산물인 수입과 세금이 연간 164억 유로(2012년 추계) 이상 국내의 다른 지역으로 유출되고 있다는 불만에서 비롯한다.

라 람블라 거리와 보케리아 시장의 역사

지중해에 손을 담그는 해변 포트 벨(Port Vell)에서 프랑스행 기차가 출발하고 도착하는 한때 바르셀로나 제일의 기차역이던 프란사 역(Estacion de Francia)과 바르셀로나 세관 건물을 지나면 콜럼버스 기념탑이 서 있다. 라 람블라 거리가 콜럼버스 동상에서 시작되는 이유는 바로 콜럼버스의 11번째 후원자 이사벨라 여왕이 신발견지에서 콜럼버스의 독점적 권리의 인정에 관한 협약, 곧 산타 페(Santa-Fe) 협약을 맺은 곳인 탓이다. 그리고 인도를 찾아 대서양으로 떠났던 콜럼버스가 온갖 희귀한 물자와 원주민들을 이끌고 귀환한 장소가 바로 바르셀로나 항구이다. 당시 이사벨라 여왕은 맨발로 뛰어나와서 콜럼버스를 맞았다고 한다. 바르셀로나는 근대 스페인의 엄청난 재화와 번영을 노동력으로 뒷받침한 수많은 중남미

콜럼버스 기념탑. 라 람블라 거리 입구에 위치해 있다. ⓒ 장세룡

원주민의 가혹한 고통이 시작된 출발 지점이다.

영국의 작가 윌리엄 서머싯 몸이 "세상에서 가장 아름다운 거리"라고 말했다는 라 람블라 거리 자체는 좀 칙칙하고 가로수가 우거졌지만 수많은 노천카페와 종사자들, 관광객과 시민, 야바위꾼과 소매치기, 거기에 무장경찰까지 어우러져 있다. 흥미롭게도 보케리아 시장 점포 종사원은 물론이고 고객도 남성이 더 많다. 여성은 꽃집 아가씨가 그나마 눈에 띈다. 라 람블라 거리의 카페에 자리 잡고 앉으면 집시와 외국인 노동자들의 범법 행위가 빈번하니 소지품을 주의하라는 경고를 자주 듣는다. 경제적 호황기에는 값싼 노동력을 이용하고자 받아들였던 외국인 노동자들이 경제 불황 탓에 내쳐져 사회 갈등을 야기하는 집단으로 치부되는 현실을 목격한다.

시민과 관광객은 물론 집시와 외국인 노동자 등 온갖 부류의 사람들로 넘쳐 나는 바르셀로나의 옛 도심지 라 람블라 거리에서 특별히 중세적 전통을 유지한 고딕 건물 지구에 위치한 두 개의 전통시장은 건축학적 아름다움과 바르셀로나 사람들의 일상과 음식문화를 느껴보기에 좋은 기회를 아낌없이 제공한다. 1845년 개장하여 2005년 지역의 유명 건축가 엔리크 미라예스가 리모델링하여 아름다운 건축물로 유명해진 산타 카테리나 시장도 최근 유명세를 타고 있기에 볼만하다. 그러나, 1836년 개장하여 현재는 하루 방문자만도 30만 명이 넘어선다는 보케리아 시장은 오직 농수축산물만을 취급하는 규모가 더 큰 시장으로서 전 유럽적 명성을 자랑하기에 여기서 소개한다.

보케리아 시장은 라 람블라 거리의 중간쯤, 콜럼버스 동상에서 걸어가면 왼쪽, 카탈로니아 광장에서 걸어가면 오른쪽, 몇 개의 골목길을 들어서면 보인다. 보케리아 시장과 라 람블라 거리는 카페가 시장 안으로 연결되어 있고 상품 구매와 고객 유치라는 측면에서 상호 보완 관계이다. 보케리아 시장의 공식 명칭은 산 호셉 시장이다. 시장 입구에 들어가서 보면 왕관을 씌운 문장에 산 호셉 보케리아 시장(MERCAT St JOSEP LA BOQUERIA)이라고 쓰인 상징 표지가 걸려 있다. 이 명칭은 보케리아 시장의 역사를 함축하고 있다.

보케리아 시장 입구 ⓒ 장세룡

본래 보케리아 시장은 12세기부터 바르셀로나로 들어오는 몇 개의 문 가운데 하나였던 프라 데 라 보케리아(Pla de la Boqueria)에서 농부와 도축업자들이 채소와 육류들을 가져와서 팔면서 시작되었다. 그러다가 18세기에 들어오면서 바르셀로나 시가지가 점점 확장되어 출입문이 사라져 버리자 라 람블라 거리 중심에 있는 산 호셉 수도원에 딸린 밭에서 시장이 서게 되었다. 그 후 19세기에 수도원이 사라지면서 시장이 만들어졌고 이름도 산 호셉 보케리아 시장이 된 것이다.

보케리아 시장의 건축예술적 상품 전시

시장으로 들어서면 입구에는 높은 열주가 늘어선 카페가 눈길을 끌고, 더 들어가는 순간 잠시 눈을 의심할 정도로 화려한 온갖 색깔들의 향연에 놀란다. 형형색색의 과일, 초콜릿 등의 과자, 온갖 견과류들이 한 치의 빈틈도 없는 균형을 유지하며 건축예술적으로 놓이고 쌓여 있다. 거기에 스페인이 자랑하는 올리브와 오렌지 및 허브 등의 가게가 줄지어 서 있다. 올리브 판매 가게 올리솔리바(Olisoliva)에는 스페인의 자랑이며 이 지역에서 생산한 올리브가 올리브유와 온갖 맛이 나는 다양한 절임으로 만들어져 매장에 놓여 있어 선택을 고민하게 만든다.

이 과일과 농산물들은 또한 아프리카가 가깝다는 것을 말한다. 나폴레옹 보나파르트가 "피레네 산맥 남쪽은 아프리카"라고 말했듯이 스페인은 아랍과 서구의 접점 지대이다. 빛나는 태양이 독특한 색감을 자랑하는 문화를 만들었고 수많은 유명한 화가들과 건축가들을 배출했는데 심지어 보케리아 시장의 상품 전시 배열에서도 그들의 건축예술적 취향을 감지할 수 있다.

화려한 것은 온갖 과일의 색깔만이 아니다. 붉고 흰 색깔의 젤리 과자, 비닐 포장지 막대사탕 츄파춥스(chupa chups)의 화려함에 감탄한다. 츄파춥스는 1958년부터 바르셀로나 기업가 엔리크 베르나(Enric Bernat)가 처음 생산을 시작했으며 초현실주의 화가 살바도르 달리(Salvador Dali)가 로고를 그렸다.

절묘하게 쌓인 젤리와 과자들을 보면 바르셀로나가 자랑하는 건축가 안토니 가우디(Antoni Gaudi)가 아랍 건축 양식을 차용하고 변용해 만든 구엘 공원(Parc Güell)의 요정의 세계 같은 정교한 모자이크 작품들을 떠올리지 않을 수 없다. 그리고 화려하고도 절묘하게 정리된 과일 상품들로 가득 찬 상점들을 보노라면 역시 가우디가 건축을 시작한 성가족(Sagrada Familia) 성당 실내의 모자이크 창문들을 재현해 놓은 듯한 심상을 목격하고 전율까지 느낀다. 가우디가 주로 건축한 동쪽의 '탄생의 문' 쪽으로 노란색에서 붉은색으로 옮겨 가는 스테인드글라스, 그리고 반대쪽 '수난 파사드'에 연두색에서 청색으로 옮겨 가는 스테인드글라스의 황홀함을 속세의 시장에서 다시 보는 것 같다. 종교적 해석을 떠나서 이 과일과 과자 점포들은 붉은색은 스페인의 강렬한 태양, 녹색은 올리브나무, 푸른색은 스페인의 푸른 하늘과 지중해를 상기시킨다.

보케리아 시장의 먹거리들

보케리아 시장은 유럽의 농업강국 스페인의 위상을 잘 보여 준다. 스페인의 농업은 넓은 국토와 거기서 비롯되는 다양한 기후의 산물로서 유럽연합의 농산물 시장에서 서유럽의 전통적인 농축산물 생산 국가 프랑스에 대해 가격 우위를 유지하고 있다. 대표적인 것이 토마토, 올리브, 오렌지 등이고, 거기에 포도주가 추가된다. 사실 스페인은 맥주 맛도 괜찮지만 포도주는 더욱 유명하다.

보케리아 시장의 과일과 야채 ⓒ 장세룡

보케리아 시장에서는 엘 세에르 데 라 보케리아(El celler de la boqueria), 보케리아의 포도주 저장고라는 의미를 가진 이 상점에서 스페인 전역에서 생산된 온갖 종류의 포도주를 구경하고 마음이 움직이면 가벼운 주머니 사정으로도 괜찮은 것을 사 마실 수 있다. 거기에다 약초로 풍미를 더한 포도주 베르무트(Vermut)와 상그리아, 카바 같은 전통주도 사 마실 수 있다.

2014년 스페인은 2,280만 헥토리터(1hℓ=100ℓ)의 포도주를 수출하여 프랑스와 이탈리아를 제치고 세계 1위의 수출국 지위에 올랐다. 그러나 스페인은 포도주를 병 단위가 아니라 무게 단위로 수출하고 프랑스는 이를 수입하여 병에 넣어서 높은 가격으로 판매한다. 마찬가지로 올리브 생산량의 40%를 이탈리아로 수출하지만 이탈리아 역시 이를 병에 넣어 이탈리아산 올리브라고 수출한다. 우리가 프랑스 포도주라고 마시고 이탈리아산 올리브라고 사용하는 것이 실제로는 스페인산일 공산이 아주 크다. 경제 위기를 겪고 있는 스페인이 그럼에도 비교적 여유가 있어 보이는 것은 넓은 농토와 다양한 농산물과 축산물에 풍부한 수산 자원을 가진 데서 비롯된 느낌일 것이다.

보케리아 시장 축산물 상점에는 안쪽으로는 정육점이 많고 심지어 간천엽까지도 팔지만, 무엇보다 눈에 들어오는 것은 입구에 자리잡은 마르코스 하몽 가게 등 하몽(Jamón) 판매 가게이다. 스페인에 가면 흔히 어린 통돼지구이 요리 코치니요(Cochinillo Asado)와 하몽을 별미로 추천받는다. 전자는 요리사가 가스 불로 껍질을 그을리고 부드러운 육질을 과시하며 고기 자른 접시를 깨뜨리는 행위도 보여 주지만 맛은 호불호가 엇갈린다. 유명하고 독특한 것은 이베리아 참나무 도토리와 뿌리를 먹여 키운 흑돼지의 뒷다리를 통째로 소금에 절여 3년 정도 숙성시켜 푸른곰팡이가 덮인 생햄(ham)인 하몽이다. 스페인 사람들의 하몽 사랑과 자부심은 정말 놀랍다.

사실 시장 가게에 눈길을 끌게 매달아 놓은 하몽 역시 처음에는 큰 매력을 느끼기 힘들다. 그렇지만 조금씩 맛보노라면 은근히 중독성이 있다. 약간 과장해서 말하면 면도날처럼 얇게 한 점씩 저며 낸 하몽은

보케리아 시장의 하몽 가게 ⓒ 장세룡

맛이 천차만별이며 가격 또한 너무 다양해서 겨우 몇 번 먹어 보고 맛과 가격을 평가하기란 어렵다.

다만 보케리아 시장에서는 하몽 4~5점을 싸게는 2유로에도 먹어 볼 수 있다. 뜻밖에도 하몽은 흑돼지 뒷다리만 사용하는 것이 아니라 지중해에 풍부한 참치를 염장한 하몽, 곧 모하마(Mohama)도 있다. 모하마는 서민 음식이라고 들었지만 값이 하몽보다 싼 것은 아니고 일반적인 가격은 좀 더 높다고 한다. 하몽을 넣은 샌드위치와 모하마를 넣은 샌드위치 맛도 독특하다.

시장에는 영어 메뉴판이 구비된 스탠드 바도 있고 날짐승과 달팽이를 파는 가게를 비롯하여 금방 떠나온 지중해 소식을 물어보고 싶을 만큼 신선한 온갖 해산물도 풍부하다. 고객들은 피노초 바(Pinotxo Bar) 같은 데서 스페인 사람들이 사랑하는 전채 요리 타파스(tapas)를 주문하거나 헤나로(Genaro) 같은 점포에서 해산물을 사서 즉석 조리 식당에서 자리 잡고 주스를 비롯한 음료와 더불어 간단한 식사를 할 수 있다.

거기에는 쌀을 생산하는 이웃 발렌시아 지방에서 시작되었고 지금은 스페인 사람들이 널리 좋아하는 파에야(Paella)도 있다. 파에야는 본래 쌀에 야채, 육류, 콩, 토마토, 마늘, 고추, 거기에 노란색을 내는 사프란이 들어간다. 보케리아 시장에서는 이 지역에 풍부한 새우, 가재, 홍합, 오징어를 비롯한 해산물에 피망과 파프리카, 양파 등을 넣은 파에야 데 마리스코(Paella de marisco)가 독특하다. 이것은 포장해서 5유로 정도이므로 적당하게 맛볼 수 있다.

거기에 생선, 새우, 오징어, 홍합 등 해산물이 풍부하게 들어간 사르수엘라(Zarzuela)는 마치 우리의 해물탕을 상기시킨다. 기본적으로 보케리아 시장에서 맛보는 음식은 해산물이 풍부하지만 짜거나 달콤한 스페인 음식의 특징도 여전히 잘 보여 준다. 하몽과 모하마가 짜다면 꽈배기 도넛 비슷한 튀김 음식 츄러스(Churros)는 너무 달다.

혼합과일 컵 가게 ⓒ 장세룡

달고 짠 음식 외의 보케리아 시장에서 볼 수 있는 먹거리는, 여러 과일을 썰어 넣고 1.5유로에 파는 혼합과일 컵이다. 과일 컵을 하나 받아 들고 돌아서면 화사한 색깔에 정신이 홀리도록 만드는 젤리 등을 파는 캐비우레스 라미엘(Queviures Lamiel) 가게가 있다. 한 봉지 사서 보니 포장 봉지에는 설립 연도가 1897년이라고 되어 있다. 100년이 넘도록 알록달록한 젤리 과자 등을 팔아 온 가게의 종업원은 동남아 사람인 듯한 얼굴인바, 아마도 집시 출신인 듯했다.

보케리아 시장과 라 람블라 거리 카페의 공존

서유럽에서 유명한 특화된 농수축산물 시장으로서 하루 고객 30만 명이 넘어서는 보케리아 시장은, 올리브와 포도주를 비롯하여 스페인 전역에서 생산된 풍부한 소비 상품의 최종 판매처로서 유럽연합의 경제 질서에서 농업강국 스페인의 위상을 잘 보여 주는 농수축산물 판매로 '전문화된 시장'이다. 세계 온 나라의 식재료를 모두 구할 수 있다고 소문난 보케리아 시장은 북유럽인, 아랍인, 아프리카인, 동양인들이 고객과 관광객으로 뒤섞여 살아가는 '국제적 시장'이다. 또 한편으로는 풍부한 농산물과 수산물을 다양하게 이용한 음식들은 항구도시 바르셀로나의 해양지리적 조건과 지역적 고유성을 잘 드러내는 '전통시장'이다. 또한 스페인 경제의 중심지이며 문화와 예술의 도시인 바르셀로나를 찾는 관광객들이 바르셀로나의 일상생활과 음식문화에 접근하는 유용한 창구로서 '문화 공간'의 역할을 넉넉히 잘 수행하고 있다.

온갖 인종의 사람들이 어울려 부대끼며 살아가는 보케리아 시장을 들러보면서 스페인 내전기(1936~1939)에 반파시즘과 민중의 국제연대라는 대의를 위해 카탈로니아 전투에 참여한 조지 오웰의 『카탈로니아 찬가』(1938)에서 묘사한 국제여단 의용군의 모습을 오버랩해 본다. 지식인에게 목숨을 걸고 대의를 추구하던 아름다운 목표가 있던 시절 남자의 낭만과 좌절의 슬픔에 관한 연서 같은 그 책은 아직도 책장에서 우리 손길을 기다린다.

라 람블라 거리의 카페 ⓒ 장세룡

버스 차고에서 낭만을 파는
핸드메이드 시장

호주 캔버라 올드버스데포 시장

데이비드 윌리엄 김

영연방 국가 호주의 역사

위치	호주 캔버라(수도)
형성 시기	1992년
상품 종류	귀금속, 장신구, 그림, 가정용품, 수집품, 해외 공예품, 다국적 음식 등
거래 단계	소매
개설 주기	일요일, 크리스마스

호주는 면적이 7,741,220km^{2}로 러시아, 캐나다, 미국, 중국, 브라질 다음으로 큰 국토를 소유한 영연방 국가지만 역사는 그리 오래되지 않았다. 그래서 역사 교육은 영국을 중심으로 한 유럽 전통문화 위주로 하고 있다.

사실 호주 땅에는 원주민인 애버리진(Aborigines)이 4만 년 전 아시아에서 이주해 대륙 전반에 거주하고 있다. 15세기경에는 인도네시아, 뉴기니(New Guinea), 중국, 말레이, 아랍에서 온 사람들이 북호주 지역과 해상 무역 활동을 했지만 유럽인들에게는 그저 '거대한 남쪽 땅(Great Southern Land)' 또는 '테라 아우스트랄리스(Terra Australis, 라틴어로 남쪽의 땅이라는 의미)'로만 전해졌다.

그러다가 포르투갈이 인도와 동부 아프리카 무역로를 개척하는 과정에서 호주가 알려지게 되었다. 16~17세기에는 스페인이 남미와 함께 호주 해안 지역과 남태평양의 솔로몬 제도(Solomon Islands)를 개척했는데, 스페인 사람들은 스페인 제국과 로마가톨릭 교회를 위해 금

광을 찾아다녔다.

다음으로 인도네시아 자카르타 항구에 있던 네덜란드인들이 1616년 10월에 서호주의 샤크 만(Shark Bay)에 상륙했다. 그 뒤 네덜란드인들은 1626~1627년에 남호주 해안, 1642년에 태즈메니아(Tasmania)와 뉴질랜드를 탐험했지만, 그들의 발견은 공식적으로 인정받지 못했다.

영국 해적 윌리엄 댐피어(William Dampier)가 1688년에 호주 북서 지역 해안을 탐험한 뒤 저술한 책 『항해(Voyages)』가 나왔지만 국가적인 관심을 받지는 못했다. 그러다가 18세기 영국의 철학자와 과학자들 사이에 전 지구적 발견의 가치가 주목을 받으면서 다시 지구 남반부와 '테라 아우스트랄리스'에 대한 호기심이 생겼고, 영국의 해상력이나 상업적 목적과 서로 맞물리면서 1768년 대영제국의 제임스 쿡(James Cook, 1728~1779) 선장이 탐험항해를 떠났다.

쿡 선장은 3년간의 항해 끝에 1770년 시드니의 보태니 만(Botany Bay)에 도착해 이곳을 대영제국의 영역으로 선포하고 뉴사우스웨일스(New South Wales)로 명명했다. 첫 총독인 아서 필립(Arthur Philip) 선장은 11척의 배에 14명의 사무직원, 514명의 해병대, 54명의 가족, 그리고 754명의 죄수(남자 543명, 여자 189명, 어린이 22명)를 데리고 1788년에 도착했다.

그해 1월 26일 포트잭슨(Port Jackson)에 새로운 정착지가 건설되었는데 현재 이날을 '호주의 날(Australian Day)'로 정해 국가 창립 공휴일로 지키고 있다. 1820~1880년 사이에 6개의 식민 지역 중 4곳이 호주 연방으로 통합되었고 1901년에는 식민지에서 영연방 국가로 격상되었다.

만남의 장소, 캔버라

캔버라(Canberra)는 브라질의 브라질리아(Brasilia), 미국의 워싱턴(Washington) D. C. 같은 계획도시이자 수도이다. 원래 이곳은 목장이나 농경지 등으로 이용되어 왔으나 1908년 수도로 선정되면서 전 세계에서 공모한 도시 계획을 바탕으로 1913년부터 도시 건설이 시작되었다. 마침내 1927년에 임시 수도였던 멜버른에서 캔버라로 수도가 이전되었다.

도시 설계를 이끈 것은 시카고의 건축가이자 조경사였던 월터 그리핀(Walter Burley Griffin)과 건축예술가였던 매리언 그리핀(Marion Mahony Griffin)이었다. 이들은 기하학적인 형상으로 시가지를 디자인했고 다양한 모양의 광장과 환상(環狀)·방사상·바둑판 모양의 시가지 도로를 질서 정연하게 구획했다.

캔버라에는 호주의 핵심 기관인 연방총독관저, 연방국회, 대법원, 연방정부청사, 호주 전쟁기념관, 호주 국립대학교, 호주 조폐공사, 국립스포츠연구소, 국립갤러리, 국립박물관, 국립도서관, 국방대학교, 국방부, 외국대사관 등이 집중되어 있다. 정치와 행정, 경제와 문화, 군사에 이르기까지 국가의 성립과 유지에 중추적 역할을 하는 모든 기관이 집중되어 있는 캔버라는 호주의 기반이자 기둥이라 해도 과언이 아니다.

캔버라의 어원은 이 지역 원주민이던 느거나왈(Ngunnawal) 부족의 언어인 'Kambera' 혹은 'Camberry'에서 비롯되었다. 이는 '만남의 장소', 또는 '모임의 장소'라는 뜻인데, 정계와 재계, 문화계의 지도자들이 한자리에 모여 여러 사안을 논의하고 결정하는 수도의 속성이 도시의 이름에도 잘 나타나 있는 것 같다.

이런 형태의 수도는 인구가 밀집되어 있고 오랜 역사를 가진 다른 나라들의 수도와 비교해 다소 이질적이지만, 사회문화적 배경이나 상징적 의미에서 볼 때 캔버라는 매우 특색 있고 매력 넘치는 도시라 할 수 있다.

낭만적인 도시 분위기가 만들어 낸 지역시장

1950년 무렵 수도 건설이 완성되어 연방정부의 기능이 정상화되면서 캔버라에는 많은 인구가 유입되었다. 유입 인구의 60~70%를 차지한 것은 중앙정부와 공공기관, 유일한 국립대학인 호주 국립대학교에 근무하는 직원들이었다. 도시 인구의 대부분이 정치인이나 공무원, 학자로 구성된 탓인지 캔버라는 학문 중심 도시의 이미지가 강하고 낭만주의나 자유주의의 메카로도 불리고 있다.

계획도시로 출발한 만큼 도시는 매우 청결하고 잘 정돈되어 있으며 범죄율도 낮은 편이다. 시내에서 5분 거리에 조성되어 있는 정원과 공원 등은 부시 워킹(bush walking)[1]이나 사이클링 같은 여가 활동에 안성맞춤이다.

올드버스데포 시장의 위치 ⓒ 데이비드 김

도로망 역시 잘 정비되어 있어 교통 체증이 거의 없기 때문에 10~15분이면 인근 지역으로 이동할 수 있다. 집값이 싸지는 않지만 시드니나 멜버른보다는 저렴한 비용으로 좋은 주택을 구입할 수 있다. 이러한 환경 때문인지 2015년에는 세계에서 가장 양질의 삶을 살 수 있고 많은 기회가 주어지는 도시로 선정되기도 했다.

이러한 낭만적인 도시의 삶은 교환이나 생계를 위한 시장이 아닌,

1 관목이나 잡목림, 가시덤불 등이 밀생해 있는 지역의 산길을 걷는 일

문화와 취미 활동을 위한 지역시장들을 만들어 냈다. 그중 대표적인 것이 올드버스데포 시장(Old Bus Depot Markets)이다. 이 시장이 만들어진 계기는 외국의 유명한 지역시장들처럼 역사나 종교, 정치, 사회적 요인들이 아닌, 주말에 갈 수 있는 시장이 있으면 좋겠다는 어느 평범한 주부의 바람에서 비롯되었다.

올드버스데포 시장의 탄생

1992년 캔버라에 사는 모나 휘팅(Morna Whiting)이 바로 그 주인공인데, 그녀는 캔버란스(Canberrans, 캔버라 지역민을 이르는 말)와 시장 구성에 관한 의견을 나누면서 스타일과 품목 등을 구체화해 나갔고, 여기에 모나의 친구인 다이앤 힌즈(Daine Hinds)가 가세하면서 올드버스데포 시장은 어린이와 여성, 가족들의 생활문화 공간이란 주제 하에 노점상들의 입주를 받기 시작했다.

모나와 다이앤 두 사람은 캔버라의 상징적 아이콘 중 하나인 오래된 공공버스 차고를 가장 적합한 시장 부지로 선정하고 캔버라 연방정부 장관의 승인을 얻은 다음, 그곳에서 매주 일요일마다 여는 올드버스데포 시장을 개설했다. 이 시장에서는 창조적인 예술가들의 작품을 전시하고 소개할 뿐 아니라 수공예 기술을 가진 사람들이 취미나 부업의 일환으로 만든 질 좋은 상품들을 선보이고 있다.

흥미로운 것은 매주 일요일마다 주제를 정해 시장의 내용을 조금씩 다르게 구성한다는 점이다. 예를 들어 매달 첫 번째 주말은 다문화 주일로 정해 캔버라 소수민족들의 상품을 준비한다. 또 다른 주말에는 1950~60년대를 연상시키는 복고풍의 물건을 중심으로, 혹은 보석이나 귀금속을 중심으로 시장을 구성하는가 하면, 컬렉터의 수집품을 소개하기도 한다. 이처럼 매주 바뀌는 시장의 콘셉트는 방문하는 사람들에게 호기심과 설렘, 기대를 선사하고 있다.

시장 입구 ⓒ 데이비드 김

올드버스데포 시장은 거대한 인공호수인 벌리그리핀 호수(Lake Burley Griffin)와 보웬 공원(Bowen Park) 근처에 위치해 있어, 시장을 둘러본 사람들은 인근 공간에서 여유로운 휴식을 즐길 수도 있다.

그뿐 아니라 현대 유리예술가들의 작품을 전시하고 판매하는 캔버라 유리공예관(Canberra Glassworks), 전시관 겸 공연장인 캔버라 피터스워크숍(Canberra Fitters Workshop) 같은 관광지와도 인접해 있어 이 시장은 현지인은 물론 관광객들이 꼽은 10대 명소로 지정되기도 했다. 시장을 만든 두 여성은 이 시장이 지금처럼 유명세를 타는 관광지로 변모하리라곤 상상도 못 했을 것이다.

유일함을 파는 핸드메이드 문화 올드버스데포 시장에는 다양한 테마의 쇼핑 거리가 있다. 귀금속을 파는 거리, 패션과 액세서리를 파는 곳, 가정용품을 취급하는 상점, 어린이 코너, 골동품이나 해외 공예품을 다루는 거리 등 품목이 실로 다양하다.

그중에서도 가장 눈에 띄는 것은 수천 개가 넘을 것 같은 귀금속과 장신구들이다. 시장 입구에서부터 사람들의 발길을 붙잡는 이 장신구들 대부분은 손으로 직접 만든 것이다. 특히 '베트로 이 메탈로(Vetro E Metallo)'라는 상점은 구리, 황동, 은, 유리 등으로 만든 목걸이와 팔찌, 반지, 귀걸이를 취급하는데 가격도 저렴하지만 무엇보다 물건의 품질을 평생 보장해 주는 것이 특징이다.

그 외에도 세계 각국의 진주를 직접 가공해 장신구를 만드는 곳이 있는가 하면 호주에서 나온 광물을 표본으로 가공하는 곳도 있다. 폴란드에서 이민 온 한 상인은 다양한 재료를 섞어 여러 모양의 장신구를 선보이고 있다.

(왼쪽부터 시계 방향으로) 가죽 제품, 가정용 수예품, 수공품 목걸이, 펜던트 ⓒ 데이비드 김

한국 사람들이 선호하는 캐시미어도 이곳 시장에서 인기 있는 품

목이다. 호주에서 가장 좋은 캐시미어를 취급한다고 선전하는 상점 벨리사 캐시미어(Belisa Cashmere)는 고전적이면서도 현대적인 디자인의 점퍼나 카디건, 재킷, 스카프, 비니 등을 선보이고 있고, 뜨개질용 실을 원하는 손님을 위해 다양한 제품을 구비하고 있다.

그 밖에도 호주산 가죽으로 만든 수제 허리벨트와 샌들, 칼집 등을 취급하는 상점이나 어그 부츠와 양가죽 슬리퍼, 모카신 등을 취급하는 상점도 눈여겨볼 만하다. 이들 상점들은 호주의 농경문화나 목장문화, 그리고 생활문화를 간접적으로 체험할 수 있는 곳이기도 하다.

이민자들의 낯선 문화 즐기기 이민자의 나라로 불리는 호주인 만큼, 시장에도 유럽에서 이민 온 사람들이 많다. 그들 가운데는 호주 생활이 30년, 혹은 50년이나 되는 상인들도 있다. 오랜 세월이 지났음에도 불구하고 상인들은 모국의 문화를 새로운 형태로 변용하고 접목한 이국적인 제품들을 선보이고 있다.

사치(Satch)라는 가게의 주인 케빈 시모어(Kevin Seymour)는 이탈리아 태생으로 1960년에 부모와 함께 이민을 왔다. 어린 시절에 건너와 지금은 현지인과 다를 바 없지만 그가 하는 일은 모두 고향과 관련되어 있다. 그는 이 시장에서 20년 동안 고국 이탈리아와 유럽에서 들여온 가죽으로 가업을 이어 가고 있다. 주중에는 개인 작업실에서 여성용 핸드백과 남성용 벨트, 지갑들을 손수 만들고 주말이 되면 이곳 시장으로 나와 자신의 수공예 작품을 소개하고 판매한다.

쇼핑센터에서 판매되는 유명 브랜드의 상품 가격에 비하면 저렴한 편이라 할 수 있지만(약 5만 원에서 30만 원 정도) 자신의 브랜드 사치(Satch)에 대한 자부심이 대단히 높은 그는 자신의 상품에 대해 평생 품질 보증을 한다고 자랑한다.

그 밖에도 일본계 이민자가 운영하는 와비사비(Wabi-Sabi)는 직접 만든 일본식 램프를 판매하거나 일본에서 수입한 옷감과 옷(기모노, 유카타, 오비 등), 가방 등을 팔고 있다. 이처럼 올드버스데포 시장에서는 호주 이민 역사의 한 단면도 엿볼 수 있다.

또 한 가지 재미있는 점은 200여 곳에 달하는 각국 대사관과 문화교류기관들이 캔버라에 밀집한 탓인지 전 세계에서 수집한 진기한 골동품과 해외 공예품을 다루는 상점이 많다는 것이다. 1950~1960년대의 복고적인 골동품이나 1970년대에 생산된 듯한 장신구와 시계, 가방을 파는 곳, 의자와 책상 같은 고가구를 취급하는 가게, 찻잔과 접시 같은 식기류 등을 선보이는 가게 등 종류도 꽤 다양하다.

오래된 물건이나 골동품을 수리, 수선해 주는 곳도 있다. 낡았지만 손때가 묻어 익숙한 물건들을 쉽게 놓지 못하는 사람들에게는 수선집이 반갑고 귀중한 존재다. 각국의 오래된 과거는 물론이고 현재의 문화까지 접할 수 있는 올드버스데포 시장은 또 하나의 작은 세계나 다름없다.

일상을 변화시킬 아이디어를 얻는 곳

각종 주방용품과 가정용품, 정원용품 가게는 이 시장에서 가장 인기 있는 곳 가운데 하나로 꼽힌다. 아이들이 성장함에 따라 집안 공간을 새로 가꾸려는 사람, 또 계절에 따라 집안 분위기를 바꾸고자 하는 사람들은 이곳 상점에서 좋은 아이디어를 얻기도 하고 필요한 물건들을 구입하기도 한다. 매일 똑같은 일상을 약간의 수고만으로도 크게 변주할 수 있기에 아무래도 인기가 많은 것 같다.

수공예품은 손쉽게 일상에 변화를 줄 수 있는 최적의 아이템이다. 가게 주인이 직접 키운 식물이나 화분도 마찬가지다. 크고 대대적인 인테리어 공사를 하지 않아도 얼마든지 일상은 새로워질 수 있는 것이다.

버려진 목재로 재활 가구나 액자를 만드는 가게, 다리미 매트와 덮개, 빨래 주머니 등 직접 디자인한 세탁용품만 취급하는 가게, 17세기 인도 무역의 영향을 보여 주는 프랑스 직물을 전문적으로 다루면서 주로 테이블보나 앞치마, 행주 등 주방용품을 만들어 파는 가게, 화장지 걸이와 화장실 휴지 보관함을 전문적으로 만들어 파는 곳, 국내외의 선인장이나 다육식물, 열매나무, 낙엽수 등 8천 가지의 식물을 전시하고 필요에 따라 손님들의 정원도 조성해 주는 가게 등 실로 그 종류가 다양하게 세분화되어 있다. 이처럼 올드버스데포 시장은 일상을 바꾸는 변화의 시작점이기도 하다.

(왼쪽부터 시계 방향으로) 부엌용품, 원목 가구, 정원용 꽃, 물주전자 ⓒ 데이비드 김

어린이 손님을 위한 상품들 올드버스데포 시장을 만들 당시 모나와 다이앤은 어린이를 위한 생활문화 공간도 염두에 두고 있었다. 그 때문에 이 시장에는 어린이를 위한 상품들이 잘 구비되어 있는데, 그중에서도 가장 인기 있는 것은 페이스 페인팅(face painting)이다. 페이스 페인팅은 올드버스데포 시장의 명물이라 할 수 있는데 아이들은 이곳에서 각종 문양으로 자신들의 개성을 뽐낸다.

그 밖에도 직접 만든 장난감을 판매하는 가게가 있는가 하면, 각종 이벤트에 사용하는 가면과 모자, 반짝이 등을 취급하는 가게도 있고, 손가락 인형(Puppets) 같은 교구나 각종 문방구, 카드, 책 등을 구비한 상점도 있다. 갓난아이를 위한 부드러운 재질의 장난감이나 인형, 옷을 파는 상점 역시 있다. 어린이들도 어엿한 손님으로 대접을 받는 곳이 바로 올드버스데포 시장이다.

낭만을 꿈꾸는 사람, 모두 여기로! 시장에 음악과 그림, 음식이 빠질 수는 없는 법! 캔버라뿐 아니라 전국을 돌아다니며 공연하는 전문 뮤지션들이 이 시장을 찾아 다양한 음악을 선보이며 손님들과 호흡하고 있다. 또 지역에서 활동하는 화가들이 자신의 그림을 직접 설명하며 손님들과 의견을 나누고 교감한다.

초상화, 풍경화, 추상화, 우스꽝스러운 팝아트, 3차원 종이공예, 그림퍼즐 같은 컵받침 코스터 등 작품의 종류나 작가층도 꽤 넓은 편이다. 예술의 범주에 들어가는지 조금 의심스럽지만 점성술을 통해 인생을 교감하고 운명을 점치는 곳도 있다.

시장에 음식이 없으면 섭섭하다. 방금 만든 신선한 과일 주스와 각종 먹거리 등이 손님을 유혹하는 이곳은 주말 오전에 브런치를 즐기려는 사람들이 찾는 음식 명소이기도 하다. 이민자들의 문화는 음식점에

그림 작품 ⓒ 데이비드 김

컵받침(코스터) ⓒ 데이비드 김

서도 느낄 수 있다. 세계 각국의 이민자들이 모국의 다양한 음식을 현지의 입맛에 맞게 내놓고 있다.

그중에는 오랜 전통을 자랑하는 가게도 있는데, 프랑스 음식점 위위(Oui Oui)는 이곳에서 13년 동안이나 자리를 지키며 많은 단골손님들을 확보하고 있다. 화이트 소스를 곁들인 구운 치즈햄 샌드위치와 유기농 바게트, 짭짜름한 그레이프 샌드위치는 손님들이 가장 많이 찾는 메뉴다.

스페인 음식 코너로 가 보면 한국의 청양고추처럼 맵지는 않지만 현지인들에게는 만만찮을 매운 음식을 소개하고 있다. 멕시코 음식으로는 타코와 나초, 버리토스, 토스타다 등이 눈에 띈다. 동남아시아 음식은 색으로 승부한다. 노란색과 녹색, 빨간색의 각종 커리와 스프링롤이 또 다른 이국적 맛을 선사한다.

아프리카 요리도 빠질 수 없다. 매운 고기 커리인 키왓(Keywat)은 에티오피아를 대표하는 요리이며, 다른 한편에서는 채식주의자를 위한 채식 음식도 팔고 있다. 식사 후에 마시는 에스프레소와 밀크셰이크, 디저트인 케이크와 아이스크림은 시장을 떠나는 모든 이의 발걸음을 한결 뿌듯하게 만들어 준다.

호주의 로컬 문화가 드러나는 생활 공간

이처럼 올드버스데포 시장은 지역민의 아이디어와 필요로 만들어진 시장으로 지금도 지역 문화를 선도해 나가고 있다. 이렇게 오랜 세월 동안 시장이 유지될 수 있었던 것은 적어도 10~15년 이상 시장에서 생활해 오고 있는 노점상들의 노고가 있기 때문일 것이다. 지역 주민뿐 아니라 호주의 수도 캔버라를 방문한 관광객들이 진정한 오지(Aussie)[2]의 맛을 체험하기 위해 이곳을 찾게 된 배경에는 시장 상인들의 끊임없는 노력이 있었다.

그 결과 2003~2005년에 호주 관광공사로부터 관광소매업(Tourism Retailing)상을 수상했고 명예의 전당(Hall of Fame) 입상 경력도 가지고 있다. 이처럼 이곳에서 전시, 판매되는 갖가지 핸드메이드 상품과 예술, 음식, 그리고 낭만적 만남은 캔버라가 호주의 로컬 문화와 삶을 드러내는 생활 공간임을 잘 보여 주고 있다.

2 오스트레일리아인을 가리키는 속어